ベ ル リ ン の 大 人 の 部 屋

柏 林 风 格 小 家

向24位柏林美人学习
打造符合自己生活方式的
个性小家

[日] 久保田由希
——————著
[德] 汉斯·格鲁纳特
——————摄影
袁淼
——————译

中信出版集团·北京

图书在版编目（CIP）数据

柏林风格小家 / (日) 久保田由希著；袁淼译 . --
北京：中信出版社，2018.8
  ISBN 978-7-5086-8965-4

  I. ① 柏… II. ① 久… ② 袁… III. ① 室内装饰设计
－作品集－柏林－现代 IV. ① TU238.2

中国版本图书馆 CIP 数据核字 (2018) 第 101894 号

KASHIKOKU SUTEKI NA DEUTSCH JOSEI NI MANABU
WATASHI STYLE NO KURASHI JUTSU BERLIN NO OTONA NO HEYA
Copyright © Yuki Kubota 2008.
Chinese translation rights in simplified characters arranged with
TATSUMI PUBLISHING CO., LTD.
through Japan UNI Agency, Inc., Tokyo
Simplified Chinese translation copyright © 2018 by CITIC Press Corporation
本书仅限中国大陆地区发行销售

柏林风格小家

著　　者：[日] 久保田由希
摄　　影：[德] 汉斯·格鲁纳特
译　　者：袁淼
出版发行：中信出版集团股份有限公司
　　　　　（北京市朝阳区惠新东街甲 4 号富盛大厦 2 座　邮编　100029）
承 印 者：北京利丰雅高长城印刷有限公司

开　　本：880mm×1230mm　1/32　　印　　张：4.5　　字　　数：130 千字
版　　次：2018 年 8 月第 1 版　　　　印　　次：2018 年 8 月第 1 次印刷
京权图字：01－2010－2437　　　　　　广告经营许可证：京朝工商广字第 8087 号
书　　号：ISBN 978－7－5086－8965－4
定　　价：45.00 元

宽容开朗的柏林人助我踏上
魅力小屋的找寻之旅

说起我来柏林的由头，起初只是想来这里住一住，仅此而已。全世界的人都汇集在柏林，让这座美丽的城市呈现出繁忙而充满生机的一面，与热闹相对的日常生活，却显得无比闲适而悠然自得。柏林城的这两副面孔是如此美丽、神秘、惹人遐思，使我不由自主地想靠近它，于是我打算在这里住上一年，切身感受一番柏林的美。这就是我最初的心情。

我的旅德生活就这样开始了。柏林人的宽容和开朗使我渐渐爱上了这座城市。在日本曾做过自由撰稿人的我，很幸运地得到了为一家日本杂志撰写柏林纪事的机会，但我还是担心自己的语言能力。自己的德语究竟能不能达到采访的程度，我对此完全没有自信。但宽容的柏林人很快接纳了我，并协助我完成了相关采访。

有一天，我接到了一条短信，是本来预约好要做采访的一位柏林女性朋友发来的。她说："现在办公室正在搬家，如果方便的话能否来我家采访？"

邀请一个完全没见过面的外国人到自己家里？带着满脑子的疑惑，我还是按照所给地址找到了她的家。结果却让我大开眼界，那真是一套设计和布置都很绝妙的房间。而房间本身也传达出了主人的性格和喜好。

从那次开始，我一下子迷上了柏林形形色色的房间布置术，同时也有了将这些小屋介绍给大家的想法。而实践本身也加深了我对柏林人自由开放的印象。我不会向没见过面的人提出上门拜访的请求。一般我会向见过几次面的朋友提出请求："能不能去看看你的家？"得到的回答多数都是"好啊，你来吧"。然后再请这位朋友介绍新的朋友认识，就这样向前推进，开始了我的魅力小屋的找寻之旅。

本书中登场的柏林美人的小屋，无一不是我拜访过的家中最有个性且最精彩的。这些房间虽然风格各异，但它们都有一个共同点，那就是"符合主人的个性"。这也是很值得提到的一点。

如果能把我的感受传递给大家，那将是我最开心的事情。希望这本书能够启发各位打造出属于自己的个性生活方式。

柏林女人的生活

柏林的房租在德国国内是比较便宜的。打个比方，每月400欧元可以租到50~60平方米的房子。[1]因此欧洲人喜欢选择柏林作为活动的据点。住房基本是公寓。独栋别墅只有去郊外才看得见。公寓多是3居或者4居，夫妇居住或者与别人合租的情况比较多。柏林市内治安很好，女性一个人生活也很安全。另外，同居的情侣、未婚的妈妈也不在少数。女性生育后继续工作，这在柏林也是很普遍的。尽管柏林是一座国际化大都市，日常生活却十分惬意悠闲。电影院到很晚才关门，因此下班以后吃过晚餐也可以去看电影，营业到次日的咖啡店、酒吧也不少。一部分公共交通工具彻夜运行，交通十分方便。周日除了饮食店，一般的店家几乎都休息，大家可以见见朋友，散散步。这里还有很多公园和湖泊，天气好的时候最适合野餐郊游。总之，在柏林，繁忙工作的同时，个人的悠闲生活也可以得到充分的保障。

两德统一以后，定都柏林。由于之前柏林被分为老西德地区和老东德地区，因此统一后，无论是街道设置还是居民的生活依然保存有各自的风格。如今还设有一条连接东欧和西欧的街道。

① 本书提及的数据及信息仅反映2008年首次出版时的情况。——编者注

I
流行风格的小家

以"苏珊娜色"决定房间的装饰Susanne Bax | 2
满墙涂画也无妨的独特家Armida Trivelli+Åke Rudolf | 8
视觉冲击！每个空间颜色各不相同！Juli Gudehus | 12

I7
浪漫风格的小家

被粉红包围着的可爱的熟女房间Loredana Mondora | 18
满载公主心的浪漫之家Claudia Rohde | 22
法德混搭风格屋Carole Launay | 28

33
现代风格的小家

最简单的和最基本的Nanette Amann+David Skopec | 34
充满艺术感的美家Birte Kleemann | 38
把家与办公室统统搬进小屋Angelika Strittmatter+Ken Jebsen | 42
巧手改造，现代感大变身Anne Schrader+Christian Wendt | 46
最艺术的房子，最普通的生活Susanne Thaut | 50

55
可爱风格的小家

回归少女时代Pamela Büttner | 56
10年岁月，玩味其中Ricoh Gerbl | 60
公寓本身即是艺术品Petra Couwenbergs+Michael Schramm | 64

69
简约风格的小家

品质上好的丹麦风格家Katharina Dombrowski | 70
雪白的家Ester Bruzkus | 74
珍惜彼此时间与空间的恋人之家Catriona McLaughlin+Martin Bauernfeind | 78
精致优雅的家Inka Büker | 82
不容妥协，美的圣殿Nina Mücke | 86

91
艺术工作者的小家

如早春鲜花绽放般的家Helga Geng | 92
居住过程中不断改装，是名副其实的个性之家Milena Geburzi | 96
东与西，新与旧，转型中的人生与家Silke Jentsch | 100
住在老厂房里的艺术家恋人Britta Lumer+Wolfgang Betke | 104
超过200平方米，好似城堡的家Birgit Maria Wolf | 110

115
柏林美人的生活方式

柏林的住宅多是集合住宅 | 115
便宜的房租，可以随心所欲住大屋 | 116
精彩的小屋，随时都在改变模样 | 117
关于"照明" | 117
新旧结合，演绎独特的自我 | 118
红花绿叶总在身边 | 119
收纳是永远的主题 | 119
时时保持整洁的厨房 | 120
美丽的生活无处不在 | 121

122柏林人的手工小制作

126周日，跳蚤市场来寻宝

130柏林当地的家居店

* 如何看小家的布局图？

每个小家介绍的最后一页都画
有布局图，图中的数字与前面
照片的编号对应，以此确认照
片上房间的位置。

流行风格的小家

浓墨重彩的房间，
在现代被称为视觉上的内饰装修。
用一种色调统一修饰房间，再使用补色强调对比色，
利用颜色的魔法，使房间给人自由自在的印象。

1

以"苏珊娜色"决定房间的装饰

苏珊娜·巴克斯 *Susanne Bax*
平面设计师

　　略暗的红色搭配明朗的蓝色和黄色，苏珊娜的公寓给人明快的感觉。空气中似乎还荡漾着淡淡的炭香。这是一座古老的建筑，前不久刚停止了煤炭炉的使用，也许这就是香气的源头？

　　苏珊娜告诉我，房间里的家具有从父母、爷爷那里继承来的，也有自己从跳蚤市场淘来的。

　　工作间里的两张桌子引起了我的兴趣。这两张桌子与厨房的餐桌从设计到颜色完全一致。这么古旧的家具，能找到完全一样的3件，可真不容易呢。苏珊娜听了我的赞叹神秘一笑，道出缘由。原来真正古旧的只有餐桌，工作桌是全新的，买来后把桌脚刷成青色，桌面刷成白色，再整体做旧。新品与旧物令人不可思议地完美统一，效果真是令人惊叹啊！

　　工作间的墙上，挂满了身为平面设计师的苏珊娜的作品和她中意的海报。仔细看，会发现这些作品和海报的颜色也多是这个家里常见的。苏珊娜说朋友们都知道她最喜欢红色与蓝色，所以也帮忙搜集了很多以这两种颜色为主的图片。在这个充满了"苏珊娜色"的房子里，诞生了无数热门的海报设计和宣传册。

2

关于屋主
自由平面设计师。一个人住在工作室兼公寓的三室一厅里。

3

1 工作间有两张工作台。2 浴室的小篮。3 洋溢着"苏珊娜色"的红地毯。

4 进入玄关，笔直的走廊把房子分成左右两部分。5 网购的置物架中放满了小东西。后面的白色陶壁炉就是煤炭暖炉。6 客厅里的绿植和烛台演绎出浪漫的悠闲情调。

4

5

6

7 邮局的画。实际上是过去东德的学校里经常使用的教学挂图。走廊里的医院图画也是。8 浴室墙上装饰有迷你花圈，非常可爱。9 在跳蚤市场淘来的计时器印章。弹簧已经失效不能再用了，于是成为这个角落的"将军"。10 客厅的台灯与苏珊娜同年同月同日诞生。虽然大贵，苏珊娜还是买下了它并珍藏到现在。11 工作间墙上旧旧的收纳箱。12 粉色小猪与众多书籍"站"在一起。

13 餐桌是很早以前买的一张旧桌子。墙上挂着名画《最后的晚餐》，十分幽默。14 客厅的沙发旁放着摆满酒的边桌。15 跳蚤市场淘来的咖啡杯。颜色组合正是苏珊娜的最爱。16 浴室窗边的小人很有喜感。17 老旧的烤箱早已不用了，却为厨房增添了气氛。

18

19

18 客房。墙上斜斜地贴的一条壁纸印有柏林风景。19 苏珊娜喜欢的粉色封面的图案集"站"在窗边。20 舒舒服服坐在客厅里的苏珊娜。21 细长的卧室。床的尺寸刚好可以放进去。

装饰要点
旧家具与图画完美融合的公寓。为达到效果，对新家具进行了做旧处理，于是，不同年代的物件呈现出统一的质感，演绎出古朴沉着的气质。

小家布局
将最大的房间作为客厅，附带阳台。走廊将房屋分为左右两部分。

20

21

满墙涂画也无妨的独特家

阿尔米达·特里韦利+奥克·鲁多夫 *Armida Trivelli+Åke Rudolf*
建筑家/平面设计师

　　阿尔米达出生于意大利，每天既要照顾3岁半的女儿丽娜，又要工作。小丽娜特别喜欢画画，而且常常不满足于纸上作画，喜欢漫天漫地地描画。阿尔米达一点也不生气，总是微笑地看着小丽娜。秘密就在于家的墙壁上涂有乳胶漆，粉笔印可以擦得干干净净。就是有了这种神奇的涂料，让全家都能各取所需，其乐融融。

　　这个家融汇了手工制作、高级设计、街头艺术等多种艺术形式，整体风格不属于任何一种艺术范畴，呈现出独特的混搭风。打开客厅桌上的黄油盒子，赫然出现一只小青蛙的摆设，像这种透着幽默感的摆设随处可见。

　　家具也是随想象改装组合的。仔细一看，发现展示小东西的架子，原来是由绿植盆重新喷漆而成的。阿尔米达认为，家具在哪里购买并不重要，重要的是随自己的喜好将它们派上用场。在意大利，似乎很多人都喜欢购买新的物件，阿尔米达却偏偏钟情跳蚤市场，且每每都有新发现。即便她已经是3岁半女孩的母亲了，却依然保持着自己独特的浪漫而精致的生活。

关于屋主
出生于意大利的阿尔米达与德国波兰混血儿奥克，以及3岁半的女儿丽娜生活在一起。丽娜小姐是一位能讲3国语言的天才。

3

1 床头的红色格外显眼。 可
爱的鸟笼。 丽娜房间的吊灯
来自酒店。

4 厨房的置物架都是手工做的。高度正好方便取用调味料。5 丽娜的房间里满是各式各样的气球。6 厨房的墙壁上涂有乳胶漆，广阔天地可供丽娜小姐尽情发挥。7 客厅的沙发高度刚刚好，特别舒适。8 涂鸦也是一景。9 丽娜小姐睡觉时的伙伴。每日互道晚安。

10 陈设简单的卧室里，一位名为Swoon的街头艺术家的画成为亮点。11 客厅的CD陈设架是手工做的。12 鱼的图案是阿尔米达拓在墙上的。13 走廊的架子由绿植盆重新喷漆改装而成。

装饰要点
如果担心孩子弄脏墙壁，那么最好想出两全其美的解决办法。也可以将自己的问题一条一条写出来，向专业人士求助。

小家布局
保留放置物品和食品的位置，确保收纳空间。客厅与阳台相连。卧室与阳台之间有一道门，但从未使用过。

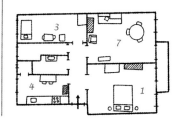

1

视觉冲击！
每个空间颜色各不相同！

尤利 · 古德胡斯 *Juli Gudehus*
平面设计师

　　厨房，绿色！浴室，橘色！衣服、鞋子、书籍等全部按照颜色归类，这就是尤利的家！作为平面设计师，她对颜色的执着令我深深佩服。

　　尤利最初的灵感，竟源于某日在路上看到的大件垃圾。尤利悠悠地对我说，新婚旅行的时候，她看到一个漂亮的橘色柜子被扔在街角，那么好的东西被丢弃实在是太可惜了，而且丈夫还最喜欢橘色，于是就将那个柜子捡回家。从那开始，她仿佛对颜色着了魔，后来竟演变成将家里的浴室都刷成橘色，厨房则刷成尤利喜欢的绿色，根据不同颜色进行家装的大幕正式开启。

　　除了颜色，既用来放置物品又作客厅使用的房间运用了各种花朵图案。灵感还是来自于垃圾。在路边看见了漂亮的花朵形状的灯罩，于是捡回家做装饰，那个房间渐渐就"鲜花盛开起来"。

　　尤利说，家里的家具并没有特别的讲究，都是很普通的式样。确实如此，墙壁是白色的，家具也都是最基本的式样，这其实也是一种视觉的平衡方法。想到这里，不由得再次佩服起尤利的艺术品位来。

2

关于屋主
尤利常年奔走于德国各地、美国迈阿密、英国伦敦之间。作为客座教授，负责平面设计的课程。与先生两人一起生活。

1 地板上整齐摆放着资料的工作间。桌子放在窗边。2 一目了然的装饰纸。3 正中花朵形的灯罩，就是这个房间里第一朵"盛开的鲜花"。4 花朵图案的包装纸是从世界各地收集来的。

3
4

5 摆着各种电子设备的工作间。由于房间够宽敞，所以并不觉得拥挤。6 客厅书架上的书籍是以颜色区分归类的。7 站在走廊特定的位置，可以读出墙上的字"所有的一切都有你不知道的另一面"。听说是一位朋友画上去的。8 利用墙壁挂钩整理工作用具。9 身为电脑专家的先生所拥有的历代电脑。10 墙壁上的文字实际上是斜着刷上去的。

5

6

7

8

9

10

11 厨房的橱柜壁都贴上薄膜，然后喷上最喜欢的绿色。地板上都铺着一种叫作"norament"的材料，这种材料曾在美术馆被展示。12 橱柜上按照字母的顺序摆着一排盒子。13 收集到的各种绿色的瓶子。14 餐具也是绿色。15 水槽当然也是绿色。16 厨房一角放着商场里木制模特的两条腿，突兀而幽默。

20

21

22

17 玄关的柜子里，物品都是按颜色归类的。18 收集到的粉色小物品放在卧室的柜子里。19 挂在卧室的衣服以及下面的鞋子都是按照颜色区分放置的。20 橘色的浴室。21 颜色装饰的灵感源头——橘色的柜子和椅子。22 客卫里面的卫生纸。

装饰要点

颜色虽然繁多，但按照不同房间分类使用还是能给人整齐的印象。基本式样的家具与白色的墙壁中和了各种颜色带来的纷扰感，形成既有冲击力又统一自然的艺术平衡。没有在最放松的客厅和卧室设置吊灯，只用壁灯和射灯作为照明。

小家布局

有长长的走廊，是柏林房屋户型的特色。日照最好的房间被用作客厅和工作间。卧室位于静谧的最里面。

浪漫风格的小家

这种风格起源于18~19世纪，是彰显着优美曲线的设计。
到了现代，这种风格演变得更加轻松、更加柔软。
在跳蚤市场或者二手店里，就可以找到最合适的家具。

被粉红包围着的可爱的熟女房间

洛雷达纳·蒙多拉 *Loredana Mondora*
艺术家

出生于意大利米兰的洛雷达纳为了学习艺术来到柏林，慢慢地爱上这座城市，于是就住了下来。她与别人合租，使用着这套房子4间屋中的2间。洛雷达纳特别喜欢粉色，家里从客厅到卧室，墙壁上统统漆成了粉色。而且是洛雷达纳自己调配数种粉色漆喷涂而成的。各种粉色并没有完全融合，有意打造出错落有致的风景，这使墙壁看上去更加成熟，有种别样的风情。与墙壁的粉色相映衬，家具的颜色选用了黑色、茶色和橄榄色。暗色基调将房屋风格整体统一了起来。

虽然整体的基调很内敛，但可爱有趣的小东西和小摆设却特别多。墙上的星形壁灯、窗边的塑料娃娃等，简直就像是从孩子的玩具箱里跑出来的。每一件都是洛雷达纳的心爱之物。

虽然她总是说自己对家装并没有特别的概念，所有的东西都是自然而然收集起来的，但是她的家还是演绎出了她既成熟又可爱的一面，使她成了可爱熟女家装风格的代表。

关于屋主
洛雷达纳于柏林艺术大学毕业以后成为一名艺术家，与室友合租这套房子。洛雷达纳在这里已经生活了3年。

4

4 好似马戏团般热情跳跃的浴室。用软隔断与走廊分割开来。5 嵌在红色中的金色尤为豪华抢眼。6 挂在走廊中的笑脸，提醒自己无论何时都不要忘记微笑、微笑、微笑。7 记载着诸多往事的相片贴满厨房的墙壁。8 厨房的椅子是自己喷刷的。

5

6

7

8

25

9

9 客厅的小桌上摆着好几种不同的蜡烛。用贝壳装饰正是克劳迪娅的风格。10 床是从别人的家具处理大会上以超便宜的价格得手的。11 枝形吊灯上放着一只装饰鸟，据说有一天从窗外飞进一只麻雀，就落在吊灯上与装饰鸟"两两相望"呢。12 明快的橘色墙壁上点缀的小装饰。13 这里也有蜡烛与贝壳。

11

10

12

13

14 巨大的穿衣镜。15 马赛克的桌面非常可爱。16 克劳迪娅的家在德国北部的港口城市，曾经是海员的先生在家时，这个小海鸥就面向家来摆放；出海时，则面向大海。17 从曾祖母那里继承下来的烛台。

装饰要点

在柏林，朋友间互相串门是理所当然的事情。如果只有一间房，就需要进行巧妙的功能区分。一般会将待客区设置在房间入口处。

小家布局

面向中庭的房子按理说光照不太好，但这座楼房只有4层高，所以光线还不错。浴室里面没有浴缸，只有淋浴，柏林的一居室一般都是这样设置的。

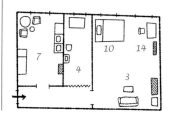

1

法德混搭风格屋

卡罗勒·洛奈 Carole Launay
学生

　　法国出生的卡罗勒在大学里主修经济，刚刚毕业，现在正忙于找工作。卡罗勒与药剂师兼DJ（唱片骑师）的德国女孩阿纳修卡合租这套房子。整幢楼房被纳入德国文化遗产保护范围，最近楼房内部刚刚改装完毕。这是一幢在柏林十分少见的古老但带有电梯的楼房。

　　客厅与厨房是共用的，宽敞的面积足够在家中开聚会。据说她们曾经开过主题聚会，最好玩的一次是召集朋友，要求全员必须以《蒂凡尼的早餐》中奥黛丽·赫本的经典造型参加。

　　卡罗勒的房间以她最爱的红色为主题，装饰得十分可爱。虽然家具全部购自柏林，却还是展现出浓浓的法兰西风情，看来还是什么样的人住什么样的家啊，即使家具上都写着made in Germany（德国制造），但还是能凸显出主人卡罗勒的法国人标签。卡罗勒说，以前在法国的时候，家只有现在的一半大，房租却高得多。在柏林能够住进又宽敞又舒服的房子真是开心，所以她现在特别喜欢柏林。各种便宜有趣的跳蚤市场与二手店也是吸引卡罗勒的地方。这是一套能够让人感受到两个女孩子快乐合租生活的可爱女生屋。

2

关于屋主
法国南部出生。由于第一外语是德语，于是来到德国。在柏林的大学主修经济，现已毕业。与一位德国女孩合租住房。

3

4

5

1 红色是卡罗勒房间的重点。2 走廊上的包包收纳处，挂画表现出主人的童心。3 室友阿纳修卡的房间。4 桌台与吊柜组成一套梳妆台。5 DJ用的唱片。

6 阿纳修卡的房间以粉色为主。7 挂在门把手上的连衣裙。8 部分墙壁贴上了壁纸，成为亮点。9 卡罗勒的房间。沙发是从古董商店买到的。红色的旅行箱是母亲30年前去伦敦旅行时购买的，卡罗勒就是提着它只身来到了柏林。

10 共同使用的厨房兼客厅。各种各样可爱的椅子是从跳蚤市场淘来的。墙上的装饰布来自西班牙。写有"CAFÉ"的画实际是用来遮住后面的插座。11 餐桌上总是摆着蜡烛台。12 绿植上装饰着水晶挂件。13 从跳蚤市场淘来的诸多小东西。14 窗边的烛台组。

15

16

17

18

15 客厅里摆着20世纪70年代的皮沙发，是从网上买到的。沙发的后面就是卡罗勒的房间。16 卡罗勒的床边小灯是从法国带来的。17 卡罗勒的桌子上有很多可爱的摆件。18 卡罗勒房间的门花是典型的东德时代的设计。

装饰要点
每人一间房，厨房和客厅共用。可能是因为合租，相比一个人的生活，家具及厨房设备的品质更好。

小家布局
出了电梯就是走廊。当然，也可以爬楼梯进入这套房子。

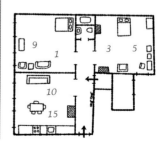

现代风格的小家

出自著名设计师之手的现代家具，不管是新品还是二手货，
在柏林都人气颇高。
现代感十足的家具适合新居，也适合老房。

最简单的和最基本的

南妮特·阿曼+戴维·斯科佩茨 *Nanette Amann+David Skopec*
平面设计师

　　南妮特和戴维共同经营着一家设计事务所。崇尚简约的南妮特，家里的装饰基本都是黑色和白色。最令人吃惊的是，颜色的运用统一到了厨房、浴室的用具。南妮特认为，就像黑白色的服装什么时候都可以穿一样，家居采用这两种颜色也永远不会过时。 所以，这个家仅由黑色、白色和原木色构成。另外挂上装饰画，用来调节色彩的平衡。

　　宽敞的客厅里，摆放着知名设计师设计的沙发、椅子等家具，俨然一个高级样板间。间接光源的使用体现出两人的个性。南妮特说，毫无瑕疵的美丽在他们看来并无魅力可言，以这个家为例，经典的家具和间接光源的结合才是他们所追求的美感。

　　历经时间考验的名牌家具被誉为经典时尚。这个由名牌家具构成的家也一样，时时给人以稳重、不落俗套的质感。最基本的就是最时尚的。

关于屋主
两人共同经营着设计事务所，于公于私都是亲密"战友"。事务所已经开设了13年。两人在这间公寓里共同生活到现在。

客厅里选用的都是黑色的名牌
家具。2 半明亮的灯泡。3 可以
躺下来看电视的宽敞沙发。

4

4 卧室采用移门。走廊里的照明也能用于卧室。5 浴室里面的物品也遵循简单基本的原则。6 阅读室。这里还张贴着曾经旅行过的地方的地图。7 在工作间里摆上藏酒柜。8 著名建筑师爱用眼镜的模拟品。9 菜刀用磁石牢牢吸附在架子上，取用自如。10 厨房里也是黑白世界。

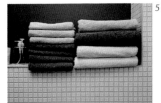

5

6

7

8

9

10

11 酒店客房一般的浴室。每人一个洗脸池。12 卧室往里是衣帽间。13 卧室墙上的装饰画是唯一一看得见其他颜色的地方。14 虽然黑色家具比例很大，但原木色的使用弱化了黑色带来的冷酷感。15 躺椅上的休闲时光。

装饰要点

黑色名牌家具的使用虽然看起来酷酷的，但容易给人沉闷的印象。南妮特的家在照明等地方做足文章，给人以出其不意的惊喜，简约而不简单的调子中依然绽放出精彩的个性火花。

小家布局

这套房子所在的建筑非常古老，曾经遭受过战争的破坏性损毁。当然现已经修复过了。卧室的隔壁房间被用作储藏室。

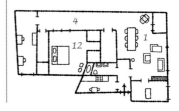

充满艺术感的美家

布赖特·克勒曼 *Birte Kleemann*
画廊经营者

布赖特的公寓位于柏林市内一等一的时尚地段米特，房子面积达150平方米。宽敞的空间里，出自各知名设计师之手的经典家具与个性艺术家的作品完美结合在一起。餐厅和卧室墙壁上，画的摆放方法最能体现布赖特的独特艺术感。画的大小及风格各不相同，能把这些风格迥异的作品摆放出整体的美感，也许正是画廊经营者布赖特的独到之处。

比如说，餐厅墙上排列着的画，据布赖特介绍，"要将图片、素描等作品排列在距地板1.9米的高度，还必须保证画框边缘整齐，上墙之前在地板上试着摆了好一阵呢"。挂画的通常做法是将画挂在距离地板1.6米的位置，但是对3.8米的层高来说，选择1.9米的高度是合适的。另外，家中有个被称作"彼得堡式"的卧室，也就是说壁画的悬挂密度非常大。要将很多幅壁画悬挂起来，最合适的就是从中间向两侧铺开的方法。布赖特也说，不管在什么时候，留一面空空的、什么也不装饰的墙面是十分必要的。这样一个融汇了个人经验与审美的房子，简直就是布赖特自己的私人画廊。

2

关于屋主
出生于旧西德的首都波恩。在柏林的米特经营着一家叫"duvekleemann"的画廊。两年前与男友开始了在这个公寓的同居生活。

层高达3.8米。采光最好的房间用作工作间。　房间里面总是装饰着鲜花。　整洁简约的餐厅。4 稳重而现代感十足的客厅。

3

4

5

5 个性艺术家的作品与洋溢着设计感的家具很搭配。6 总是干净利落的厨房。据说原本连挂钟也不想放。7 休憩室将客厅与工作间相连。8 餐厅中日本艺术家的作品。9 布赖特的男友不喜欢，但布赖特十分中意的地毯。10 卧室墙角下排成一列的高跟鞋。

6

7

8

9

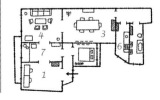

11 入住时就安装好的浴室磨砂玻璃，体现出东德时代的风格。12 画框距离地板1.9米。有绘画，也有图片。13 被誉为"彼得堡式"的卧室墙面上装饰的画，很有美术馆的陈列风格。

装饰要点
悬挂壁画的时候，要根据悬挂的场所和画的数量选择最合适的悬挂方法。上墙之前先做实验是很切实的步骤。为突出艺术品的美感，保持空间的整洁十分重要，这就需要准备充足的收纳场所，养成每件物品用完就放回原处的习惯。

小家布局
这套房子三面临街。位于顶层，与同建筑其他楼层的房间相比，天花板特别高。即使面积相同，也给人高挑宽敞的感觉。

把家与办公室统统搬进小屋

安格利卡·施特里马特+肯·耶布森 *Angelika Strittmatter+Ken Jebsen*
律师/记者

　　柏林市内大多是集合住宅（即由两个或两个以上具有相似性质的、供多个家庭使用的单元组成的住宅单位）。但是，安格利卡与肯却在柏林市内的中心地段拥有一座独幢别墅。这套别墅是由1911年的工厂建筑改造而成的。既要保留原来工厂的感觉，还要加入家庭的温馨感。肯是一位记者，同时在当地人气音乐广播节目兼任主持人，妻子安格利卡是一名律师，两人在这套建筑里面设置了自己的工作室。工作繁忙的两人，将家与办公室搬进同一幢房子是最理想的选择。

关于屋主
律师安格利卡与记者肯，以及他们的两个孩子组成了4人家庭。住在4层工厂建筑中的2层。

　　这个家最大的特征就是开放式厨房与宽阔的、连成一体的餐厅和客厅。面积绝对可以满足主人想要召开工作会议与举办私人聚会的需求。肯认为，在任何一个聚会上，最后大家都喜欢聚在厨房附近，于是就首先打造了一个开放式厨房。然后陆陆续续地添置了壁炉、柜子，一点一点添置齐全。理想家的装饰工程十分浩大，要花费很多金钱，不可能一蹴而就。小鸟筑巢般把自己的家搭建起来同样是一件幸福的事情。两个人于是就像养育自己的孩子似的，慢慢地培育着、完善着自己和爱人的美巢。

1 连成一体的餐厅与客厅。 肯房
间里的小小录音室。 白色墙壁
还可以用作投影幕布。 兼作边
桌的架子鼓。

5 唱片收纳在走廊的柜子里。6 纵向排列的挂钟，有3个居然是相同时间。7 肯房间的一面墙全是CD（激光唱盘）。8 一道门，隔开餐厅、客厅与其他区域。9 卧室给人以低调的感觉。10 浴室的水泥洗面台是定做的。11 磨砂玻璃窗上浮现出水汽的感觉。

12

13

14

12 厨房的颜色统一为红色。连悬挂的电影海报都是红色的"花样年华"。水泥台面同样是定制品。开放式厨房最大的问题就是气味，打开窗就全解决了。13 日历上的数字也是红色的。14 香蕉形古董摆件放在餐厅的窗边。

装饰要点
在柏林，家庭聚会十分频繁。为了宾主之间的交流，客人都会聚集到厨房附近。开放式厨房并不常见，但对经常举办聚会的家庭来说是很实用的。可以一边准备食物一边自由聊天是这种厨房的优点。

小家布局
由于原来是工厂建筑，所以特别宽敞。建筑内配有电梯，儿童车的移动也很方便。楼上用作客房。

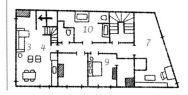

巧手改造，现代感大变身

安妮·施拉德尔+克里斯蒂安·文特 *Anne Schrader+Christian Wendt*
学生/油漆技师

柏林的出租屋，无论是钉钉子还是涂油漆都很自由。只要租赁合同解约时把房子恢复原状就行了。所以，特别擅长DIY（自己动手做）的克里斯蒂安在这个公寓中大显身手。只要安妮说一句"我想在这里安一张桌子"，克里斯蒂安马上就能做出来。安妮十分满足，也很幸福。在这个公寓里，他们自己改装了收纳空间与照明，最绝的是，居然在走廊打造出一个迷你展示廊。在墙面上做出凹进去的平台，摆上喜爱的非洲雕刻，并在平台上方安装了射灯，相当惊艳。

两个人都很喜欢非洲艺术品。虽然还没有真正踏上非洲大陆，但两人总梦想着有一天要到那里去旅行。对于家居的审美两人也很一致，所以买家具的时候可以非常痛快。安妮笑着对我说，他们经常去家具店购买非洲雕刻品，店主都认识他们了。

公寓所在的威丁区也是安妮喜欢的。附近有公园和湖，还有大型超市，能够买到既新鲜又便宜的蔬菜。而且可以骑单车去大学，特别方便。安妮对能在这个区生活感到非常满足。据说他们已经在这里住了4年，目前没有搬家的打算。

关于屋主
在大学专修神学的安妮与持有油漆技师资格证的克里斯蒂安生活在一起。他们有一只爱犬叫比克努，从小就跟在两人身边直到现在。

绿植和收纳柜很好地区分了客厅的功能。　大爱的非洲风格装饰品。3 厨房墙壁上装有一块玻璃板，方便列出购物清单。

4

5

6

4 在走廊的墙壁上做出凹进去的平台，打造迷你展示廊。5 客厅另一面是餐厅。书架下方的抽屉是DIY的。6 聪明的比克努。很小的时候就跟安妮在一起了。7 因为可以很方便地买到便宜、新鲜的水果，所以水果盘中总是放满果物。8 在咖啡店打工的安妮也为自家买了一个咖啡机。

7

8

9

10

1

12

9 卧室形状不是很规则，床的大小刚刚合适。黄色墙壁的背后准备安装上间接照明。10 两人都非常喜欢大象、斑马等能够让人联想到非洲草原的小摆件。后面的白色陶象是安妮小学时的作品。11 天花板的照明设计也出自克里斯蒂安之手。12 鱼形摆件实际上是一个烛台。

装饰要点

允许自由改装的柏林出租屋，能够满足最彻底的DIY爱好者。这与日本出租屋完全不同。租客可以随意砌墙、钉钉子、安木板，改变照明灯，越改装越快乐，家居也越趋向自我的风格。可以首先从家具的制造开始。

小家布局

浴室后面是从厨房延伸过来的食品储藏室。那里的天花板很低，与浴室之间隔着一面窗。在柏林，出租屋内也是允许饲养宠物的。

最艺术的房子，最普通的生活

苏珊娜·托特 *Susanne Thaut*
教师

在柏林，超过100年的建筑被称作老式建筑，苏珊娜就住在1892年建造的一套老式住宅里面。这里没有中央供暖系统，一直使用煤炭炉取暖。相应房租也便宜很多，让苏珊娜能把家安在这160平方米的空间里。

在客厅和餐厅，摆放着讲究的插花。开始我还以为是买来的现成品，一问才知原来是苏珊娜自己完成的。她说她希望自己的家中永远开满鲜花，买成品的话太贵，也不值得，于是就自己去便宜的花店买来花材自己插弄。不只是插花，餐厅墙壁上看似无序罗列的字母、塑料瓶照明等都是苏珊娜自己的创意。

苏珊娜在学校教授着艺术等很多课程，她自己还是德国著名的建筑家布鲁诺·陶特的亲戚。她告诉我，从孩提时代开始，她就在浓郁的艺术氛围中耳濡目染，到现在，艺术不是生活的一部分，而成了生活本身。对苏珊娜来说，每日的寻常生活就是艺术创造的灵感之源。

关于屋主
苏珊娜与养子乔治、两只猫一起生活。经常在学校中举办各种艺术展览，还曾经带着学生们访问过东京。

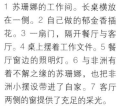

1 苏珊娜的工作间。长桌横放在一侧。2 自己做的郁金香插花。3 一扇门，隔开餐厅与客厅。4 桌上摆着工作文件。5 餐厅窗边的照明灯。6 与非洲有着不解之缘的苏珊娜，也把非洲小摆设带进了自家。7 客厅两侧的窗提供了充足的采光。

苏珊娜说白色好像医院一样，所以她将厨房漆成绿色。桌布的铺设很时尚。

8

9

10

11

8 厨房用具全是金属的。9 食器现代而简单，与墙壁的颜色很衬。10 这些植物可以剪下叶子用于料理。最左边的刷子造型像水稻，很有幽默感。11 厨房的置物架是从宜家买来自己组装成的。12 墙壁上的字母据说曾经装饰在其他场所，以不同的含义排列着。13 利用磁石收纳的菜刀。

12

13

14 细长的空间就是餐厅。独特的蓝色荧光灯演绎出前卫的氛围。15 乔治的客厅,墙上装了一张吊床。16 餐桌上的鲜花艺术造型出自苏珊娜之手。17 室内保管的自行车。18 乔治出生在尼日利亚,他的房间里洋溢着浓郁的非洲气息。

装饰要点

非洲的原始与前卫艺术看似两不相容,却在苏珊娜的家里完美搭配着,不得不佩服女主人的艺术感受能力与实践能力。这个家自由现代,活力十足,突破了既有家居品的束缚,随着主人的感性随意地呈现出与众不同的艺术品味,是独创型家装风格的典范。

小家布局

典型的柏林老式建筑户型。苏珊娜的卧室在走廊的最里面。据主人说,浴室的装修已经旧了,正打算重新改装。

可爱风格的小家

将可爱的家装单列一章，
只因这实在是需要较高的艺术品位。
根据书本一板一眼打造出的美好未免古板，
来看看成熟女性和少女的结合吧。

回归少女时代

帕梅拉·比特纳 *Pamela Büttner*
时尚设计师

帕梅拉开门见山地说："你看我的家像不像十几岁女孩的房间？其实很想成熟起来，但家居就是长不大。"看着鲜艳的厨房壁纸，摆满了小东西的浴室，心情也轻松愉快起来。"就这样吧，也不坏啦。"她笑着说。

客厅兼卧室的房间里放置了低矮的沙发，这原是为朋友准备的。但是好朋友们来了往往一起坐在床上看电视。照明设置在房间的一角，是20世纪70年代的大型灯和烛台。光亮十分适合客厅里的悠闲时光。

帕梅拉对于淘到便宜有趣的物品特别自信，总是喜欢去跳蚤市场和二手店淘宝。她最喜欢的是东德时代的餐具。据说，她家所在的柏林东德区的跳蚤市场，就能找到很多这种餐具。帕梅拉说她的梦想是将来能住进宽敞简约的房子。数年以后，也许她的家能从"少女的阁楼"成为"熟女的殿堂"，来个华丽大变身吧。

关于屋主
从事着设计商标、店铺经理等时尚领域内的工作。在位于弗里德里希斯海因区的公寓里独自生活。

3

1 客厅兼卧室，低低的沙发舒适易坐。 2 好似女演员梳妆台的梳妆镜。 3 厨房的壁纸非常可爱。

4

5

6

7

8

9

10

4 圆圆的镜子呈十字架形状排列，很有小女人情怀。5 收集了很多东德时代的食器。6 客厅的照明全靠这盏灯。7 食器柜子上贴着的海报。8 锅子全部挂起来收纳。冰箱上的贴纸有趣可爱。9 厨房入口挂着的溜冰鞋。10 将飞机模型与化妆品放在一起，彰显出帕梅拉的风格。

11 被罩的印花是亮点。12 窗旁边的空间。明亮的窗前摆上书桌，方便工作。13 浴室的顶灯很有奢华感。14 普通的鞋子都摆在走廊，女人味儿的鞋子放在这里。

装饰要点

厨房以及家具上的贴纸与东德时代的食器，让这个家显得分外可爱。与时尚、艺术相关的海报和朋友的小孩描画的图混搭在一起，体现出浓浓的帕梅拉味。

小家布局

客厅两面墙上都有窗，通风采光都很好。没有高大的家具，空间显得轻松舒适，整体给人以宽敞的感觉。

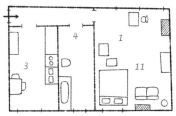

10年岁月，玩味其中

丽可·格布尔 *Ricoh Gerbl*
摄影艺术家、作家

在柏林，人们搬家的频率非常高。不喜独居想与人合租啦，与恋人分手啦，生了宝宝啦，等等，都会成为搬家的理由，甚至还有因为家什多了而搬家的呢。

在本书中登场的人物，大多都在一个公寓里生活了两年多。但是，本篇的主人公丽可却已在这套公寓里生活了十来年了。刚入住时想要一个明亮的工作间，于是自己将地板刷成了亮灰色与红色。现在经过岁月的磨砺，地板已经斑驳，却散发出岁月的沉香。这个建筑是老式建筑，已经有百年以上的历史，今天看来不但没有破败感，反而具有与众不同的魅力。

身为摄影艺术家和作家的丽可把钱都用在了自己的艺术事业上，在家具上的开销比较有限。所以她工作间里的桌子和椅子都是教会的处理品。不过便宜归便宜，大前提还是要符合自己的喜好。比如，丽可早就想要一个单人沙发椅，一直没有遇见喜欢的，所以一直空缺到现在。可见这十几年来，丽可的家是怎样一点一点构筑起来的。

关于屋主
丽可出生于拜仁州，是一名摄影艺术家兼作家。住在位于蒂尔加滕的公寓，一个人独自生活。在柏林从事艺术活动很方便。

4

工作间的沙发。这个角落的气氛温暖舒适。　自己手工做的十字架雕刻。　厨房的椅子，买回来时附带着外包装，丽可将椅子脚的包装纸特意保留了下来。　大型作品罗列的工作间。

5

6

7

8

9

10

11

12

5 卧室兼工作间的一角放置的椅子和书柜。6 大红地毯和绿色的门帘，视觉冲击强烈。里面是储物间。7 储物间的一面墙全是整齐的储物箱。8 像学校里的椅子。9 储物间一角也设置了工作用桌椅。10 装饰品被挂在架子上收纳。11 厨房斑驳的地板，营造出另一种风情。12 优雅的椅子表面涂上红漆，演绎出可爱的风格。

13

14

15

13 卧室兼工作间。笔记本电脑移动方便，根据不同的心情可以随意在不同的房间工作。14 专门放置作品的房间。丽可一般会在室外或者其他地方摄影，这里只是存放作品的地方。15 厨房的地板，喷刷的颜色与本色相间，很有立体感。

装饰要点

不用大把花钱，也能营造出属于自己的可爱家装。知道哪些可以自己动手制作，哪些需要去商店购买，这样支出就一目了然。重要的是不要一味向低价妥协，要坚持按照自己的喜好打扮自己的家。

小家布局

3个房间，其中1间用来存放作品。工作间临街，有时难免吵闹，所以丽可也常在静谧的卧室里工作。

公寓本身即是艺术品

彼得拉·考文贝格斯+米夏埃多·施拉姆
Petra Couwenbergs+Michael Schramm
艺术家/建筑技师

因油漆脱落而斑驳的墙皮、古典风格的家具、玩具一样的艺术品……彼得拉与米夏埃多的这套公寓，完全符合我心中对柏林式家居的全部想象。

这套房子的设计理念，按照主人的说法，就是要打造一个"可以回归度假心情的舒适环境"。仔细看一下就会发现，根据不同的功能区，墙壁被粉刷成白色和乳黄色。墙壁、天花板上歪着的衣架、暖水袋等，看似毫无关联，却是别有情趣的装饰。这些都是彼得拉的点子。彼得拉喜欢自己去寻找美，发现美。即使是用旧了的物品，根据自己的审美动手改造一下，就会马上呈现出不一样的新意。

在这个家里，很多物件都是彼得拉DIY的杰作。曾经的邮箱现在被用作调味品收纳箱，超市里常用的送货箱，现在也成了收纳箱。超出常识地想象就是彼得拉的日常生活。这间公寓可以说就是彼得拉的艺术作品，处处闪耀着她智慧和审美的光芒。

关于屋主
彼得拉和米夏埃多在位于普伦茨劳贝格区的公寓内共同生活。彼得拉是1995年来到柏林的。

1 偏暗的房间内，用白色墙壁和球形顶灯营造出休闲度假风。2 餐桌上的小摆件。3 垫高的卧室。4 床的对面是衣帽间。

5 白色钢琴上放着亲手做的白色陶器。6 只是普通的暖水袋，摆在这里却散发出不同的气质，非常艺术。7 墙上挂着的是童话故事《长袜子皮皮》的插图。8 墙上的涂鸦、15年前购自跳蚤市场的沙发、祖父友人自制的地毯、1920年制的壁饰，这一切和谐地搭配在一起。9 喜欢逛建材中心的两个人。10 蓝色的卧室入口。

11

12

13

15

14

11 客厅里面的休憩一角，圆点图案非常可爱。拉上帘子马上可以用作客房。12 客厅对面是工作间。13 每一样物件都有自己的故事。14 彼得拉还与朋友一起进行音乐创作，也许不久之后，他们的CD就会面世了。15 这幅作品蕴含了彼得拉对艺术的痴迷，是一件具有里程碑意义的作品。

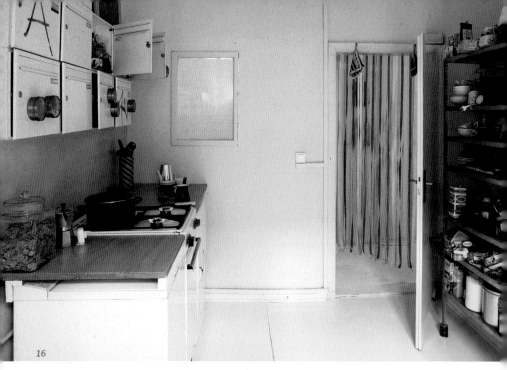

16

17

18

19

16 左侧的白色收纳箱曾经是邮箱，现在成了调味品的"家"。17 餐桌附近的墙涂成了乳白色，与椅子的颜色十分匹配。18 从走廊进入厨房的入口。挂着的暖水袋为墙面增添了生气。19 超市的送货箱成了家用整理箱。

装饰要点

突破常识，自由想象，是打造个性家居的起点。看到喜爱的图形和颜色，首先想一想怎样运用会更加符合自己的情况、更加出彩是很重要的。让想象成为习惯。

小家布局

工作间面向大道，采光很好。卧室面向院子，十分安静。从房间结构来看，客厅的窗子只在突出的一个角上。浴盆的地势略高。

简约风格的小家

德国的产品设计是十分简约的。
简约的家装也最有人气。
在简约的基调上添加展现自我风格的颜色和质感家具，
创造出最时髦的柏林美人家居风格。

1

品质上好的丹麦风格家

卡塔琳娜 · 东布罗夫斯基 *Katharina Dombrowski*
时尚设计师

　　沉静、舒适、雅致。这就是卡塔琳娜的家给我的印象。光滑的木纹书桌与沙发的颜色搭配堪称绝妙。也许是这个家中使用了很多天然材质的缘故，在这个屋子里，我感觉特别舒心。天花板上没有安装顶灯，取而代之的是桌上和窗边的小灯。早上的太阳光照进房间，晚上灯光从灯罩晕染开来，不同的光源让房间变换出不同的风景。

　　出生于德国不来梅的卡塔琳娜，曾经在伦敦学习时尚设计。但在家居上，她更钟情于丹麦风格。卡塔琳娜一边指着边桌一边告诉我，她的双亲也很喜欢丹麦，亲戚朋友中也有丹麦人。也许是这个原因吧，她特别喜欢丹麦的家具，家里也添置了好几件。家中的单人沙发和桌子都是丹麦风格。

　　孩提时代，由于家族事业的关系，卡塔琳娜曾经在印度尼西亚住过一段时间，所以她把那段回忆也融进了自己的家中。厨房里摆放着绘有印度尼西亚风景的盘子，年幼时期的记忆全部被收纳在家中。整个房间悠悠讲述着主人经历的时光、回忆与爱。

2

关于屋主

在不来梅出生的卡塔琳娜，毕业于伦敦的时尚设计学校，现从事时尚设计师的工作。在距离工作地点比较近的米特区租了这间公寓，一个人独自生活。

房间里设有工作区。 厨房的顶灯是丹麦制造。 几乎所有的家具都是丹麦的。

4 卡塔琳娜是法国影星碧姬·芭铎的超级粉丝。5 入住以前就有的窗台马赛克被保留了下来。6 食器收纳在柜子里。不想示人的部分就用帘子遮上。7 厨房里色彩缤纷的小物件。8 宽敞的厨房和餐厅。墙壁的下半部分被涂成乳白色，十分温馨。鲜花是卡塔琳娜的最爱。

9

10

9 床边的射灯，也负责房间的整体照明。10 桌子上的小小台灯。房间采光很好，日照充足。11 蓝色与红色的组合很亮眼。12 入住这个家之前，卡塔琳娜一直与别人合住。

装饰要点

家具的风格统一，整体会给人一种井然有序的感觉。像卡塔琳娜这样，将童年时期的照片和回忆装饰起来的家居，更是呈现出独一无二的个性。

小家布局

房子面向大道，所以光照特别好。这个地区的住宅都是超过100年的老式建筑，每间房子都特别大。

1

12

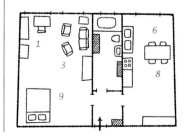

雪白的家

埃斯特尔·布鲁兹库斯 *Ester Bruzkus*
建筑师

埃斯特尔作为建筑师，在柏林时尚领域十分活跃。但她自己的家却全部采用白色设计，简单利落。据埃斯特尔自己介绍，希望私下里有一个喘息的空间，所以白色是最好的选择。白色易于打理，能时刻保持干净整洁。装饰画等色彩在这个家里都是白色的陪衬。

一般人都会认为建筑师的房间肯定华美异常，但往往他们在自己的家里会换个角色。埃斯特尔笑着说，如果要专心设计的话，肯定要像对待工作一样严格要求，而那是自己不想要的。家具基本都购自宜家，可能稍显学生气。

崭新的家具依然能体现出埃斯特尔的特色，这要归功于房间里摆放的俄罗斯与犹太风格的小物件。埃斯特尔本人出生在柏林，但家人都来自俄罗斯。当时，她的双亲从苏联经以色列来到柏林。如果只是陈列新家具的话，就算设计得再好也像样板间似的。一定要掺进主人的个人特色，房间才能焕发出独特的光彩。

关于屋主
建筑设计师。就职于建筑事务所，从事店铺的装修设计工作。生长在柏林，在位于夏洛滕堡区的公寓里独自生活。

1 全白的整体厨房。2 收集了很多产自德国的"Hutschenreuther"纯白餐具。3 墙上其实是个果盘。与地板颜色很搭。

4 走廊里的收纳柜。5 卧室也是纯白色。地板上摆着非洲雕刻。6 客厅的沙发原是蓝色的,铺上了白色沙发罩。7 浴室墙上设置了收纳平台。8 浴室里的鲜花。9 双层果盘时鲜而可爱。

10

11

10 优雅的天花板和各种颜色的小摆件。11 建筑专业杂志。下面的暖气被罩子遮住了。一般建筑的暖气是不会特意遮起来的，由此可见这栋建筑的心思。12 犹太教举行仪式时使用的盘子。13 从小到大的回忆停留在了这个角落。到处都能看见花瓶的装饰。

装饰要点
要打造简约的风格，收纳空间很重要。准备一些带门的收纳柜，平时将小东西放进去关好门，外面就看不到了。时刻保持房间整洁，这样也能凸显其他装饰品的光彩。

小家布局
进门即厨房，这是经过户型改造的结果，也是老式建筑常见的现象。

12

13

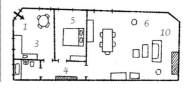

1

珍惜彼此时间与空间的恋人之家

卡特里奥娜·麦克劳克林+马丁·鲍恩芬德
Catriona McLaughlin+Martin Bauernfeind
新闻研究员/3D三维视觉设计师

2

卡特里奥娜与身为视觉设计师的男友马丁一起生活。卡特里奥娜就职于汉堡的一家报社，只有周末才能回到这个家。所以，平时家里就只有马丁一个人。为了确保彼此的空间与时间，他们分别拥有自己的房间。据说即便两人都在家，有时候两人也会在各自的房间用Skype（一种能够通过互联网进行语音通话的软件）通话。

房间的装饰力求简单。尽量不放物品，尽量选择收敛的颜色。客厅是茶色，厨房是白色与绿色，处处给人以成熟内敛的印象。从亲戚那里得到的旧椅子、20世纪50年代生产的灯具都为这个家增添了质感。

马丁的爱好是四轮滑板和冲浪。工作间里放着他的滑板以及很多与滑板有关的照片，而且客厅CD架上面也有很多迷你滑板的模型。卡特里奥娜受男友的影响最近也开始冲浪了。可以预见，过不了多久，这套房子恐怕就要被滑板、冲浪板填满了。

关于屋主
在汉堡的报社供职的卡特里奥娜与男友——3D设计师马丁，居住在米特区的公寓里，周末二人生活在一起。

新沙发和东德时代的单人沙发
构成的客厅。 写毕业论文时，
进行采访的留念。 卡特里奥娜
的房间。

4

5

6

8

9

7

4 金毛猎犬玩具，是卡特里奥娜第一个项目成功时收到的礼物。5 古老的咖啡壶已成为厨房的装饰品。6 卡特里奥娜很喜欢卡通。7 马丁的卧室。8 客厅里产于20世纪50年代的照明灯。9 马丁最喜欢的滑板模型。

10

12

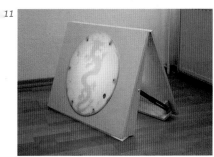

11

10 白色和绿色构成厨房的主色。绿植给厨房带来了
生气。11 卡特里奥娜房间内她自己动手做的折灯。
12 马丁的工作间。桌子和椅子都是母亲的朋友赠送
的，是20世纪初的古董。房间一角全是滑板。

装饰要点
同居生活里要想保有自己的空间，
最好每人1个房间。简单的装饰不
小心便沦为简陋，适当增添些古旧
家具能提升家居整体质感。

小家布局
卡特里奥娜的房间在厨房的尽头。
要进房间必须经过厨房，但由于面
向庭院，所以很适合用作卧室。

1

精致优雅的家

因卡・比克尔 *Inka Büker*
已退休，原是护士

　　因卡一看见我就介绍说："我和女儿都喜欢精致的物品，你看我家的东西也不多吧。"3年前，她与女儿搬来这里居住。这套房子确实够简单，但完全没有冰冷之感。古董家具与女儿别凯的手工刺绣为房子增添了温情。电视机放进古董橱柜中，只有看的时候才打开柜子。一般家电产品都会破坏房间的整体气氛，这个方法值得借鉴。房间里常开的鲜花也为家带来了生气。

　　因卡很喜欢收藏玻璃与陶瓷制品。餐桌上摆满了各种年代和各式设计风格的玻璃杯，墙壁上也装饰有美丽的茶杯。朋友们来家里做客，可以根据个人喜好选择喜欢的杯子用。

　　因卡经常利用网络卖掉旧家具，淘换新家具。房间也在她和女儿的巧手布置下愈加完美。

2

关于屋主
德国人，原来是护士。因患有风湿病早早退休了。3年前与女儿搬到这里生活。

陈列着古董家具的客厅。沙发
是最近在网上换购的。 细长的
立式灯。 客房。

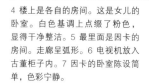

4 楼上是各自的房间。这是女儿的卧室。白色基调上点缀了粉色，显得干净整洁。5 最里面是因卡的房间。走廊呈弧形。6 电视机放入古董柜子内。7 因卡的卧室陈设简单，色彩宁静。

8

9

8 楼下的餐厅。玻璃杯和陶瓷器起到了装饰的作用。墙上的画是朋友的作品。9 不同设计的烛台并列摆放，显出主人的独特审美意识。10 不同年代、不同国籍、不同设计的玻璃杯。11 这个小天使也是从古董商店购买的。

装饰要点
把电视机请进橱柜，就不会破坏房间整体的气氛。这个方法特别适用于古色古香的房间。如果房间比较大，可以分隔出不同的功能区，让房间使用率和温馨感倍增。

小家布局
整个建筑分为上下两层，下面是餐厅，上面是各自的房间。新式建筑里配有入户电梯，十分方便。

10

11

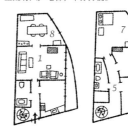

不容妥协，美的圣殿

尼娜·米克 *Nina Mücke*
艺术家

第一次走进尼娜家，眼前的完美客厅不由得使我低呼出一声"哇"。尼娜经历了从艺术家、艺术品经理人，到重新回归艺术家行列的历程，她的家完美诠释了她对美的意识与追求。

最令人惊叹的要数客厅的主墙。那是尼娜亲手打造的。剥去了一部分油漆，再用石膏粉施以粗糙感。据说经常有朋友问她是不是这面墙的装修还没有完成呢。其实这正是尼娜追求的效果。

大面积的玻璃窗，能让人感受到太阳从早到晚，从左向右的移动。这间采光最好的房间被主人用作工作间兼餐厅。由于尼娜很喜欢在地板上工作，所以沙发前铺上了柔软的地毯。

再仔细看一下会发现，这个家里并没有常见的电视机和书柜。尼娜向我介绍说，电视机一般就放在走廊里，只有看的时候才搬进屋来。最里面的房间用作储物室。要想有足够宽敞舒适的空间，收纳特别重要。这个家简直就是尼娜用努力与执着构筑起来的美的圣殿。

关于屋主
自己生活在位于夏洛滕堡区的公寓里。周围有很多商店，房间面向安静的街道，很适合居住。

餐桌兼工作台。 属兔的尼
娜自己做的兔耳朵。 白色沙
发是水牛皮的，非常结实。

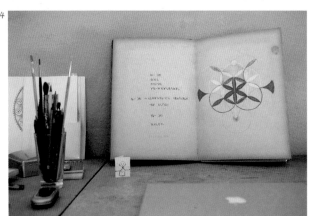

4

5

6

7

8

9

10

4 以圣杯形状为主题创作的作品。5 卧室以稳重的茶色为基调。顶灯隐去了电线，简单利落，实际上却不常使用。6 玄关处的雕塑。7 粗犷而精致的客厅兼餐厅。8 玄关处的橱柜摆放了很多小东西。9 静心培植的兰花。10 精致的中式茶具。

11

11 开放式厨房。12 自己做的雕塑，其实是为了挡住后面凹进去的墙体。13 浴室的照明灯呈现优雅的弧形。14 浴室小柜表面的图案富含神圣的意义。

12

13

14

装饰要点

刻意打造的粗糙墙面与乳白色上等家具、长毛地毯形成绝妙的搭配。并非简单的纯白是这个家的亮点。

小家布局

因为最里面的房间用作了储物室，所以客厅能够时刻保持整洁。走廊上也有储物柜，用于收纳。

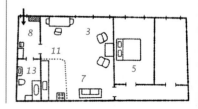

艺术工作者的小家

对于生活在柏林的众多自由艺术工作者而言，
工作与私人生活难以区分。
将家与工作间融为一体，可以打造出相乘的效果。
最具创新性的家装也由此诞生。

如早春鲜花绽放般的家

黑尔佳·根格 *Helga Geng*
画家

　　除去厨房与卫生间，就只有一个大房间。不管是吃饭还是绘画，统统在这一个房间内完成。但这样宽敞的空间对于黑尔佳是十分必要的。家中只有最基本的家具，整套房子给人以画室和住宅完美结合的印象。

　　多数家具都是别人赠送或者自己在路边捡到的。像厨房的镜子和餐具柜就是别人转让的，餐桌和椅子就是拾到的宝贝。这些家具的时代和设计各不相同，却呈现出统一的美感。一问才知道，在接受每一样家具之前，主人都在内心做了搭配的判断和选择，想象一下从颜色到形状是否符合整体的风格。这与绘画是一样的，黑尔佳最先是描画线条，然后再让整个画作逐渐丰满成熟开来。

　　窗户之间，装饰着从跳蚤市场淘来的小人或者烛台等摆件。这些可以说是黑尔佳的收藏。

　　在春天诞生的黑尔佳，她的家被黄色和紫色等优雅的颜色晕染着，宛如早春盛开的鲜花，娇韵灵动。

关于屋主
从柏林艺术大学平面设计专业毕业以后，转入了绘画的领域。1年前在这间位于夏洛滕堡的公寓开始独自生活。

背后的画是法国友人的作品。 黑尔佳的收藏。 创作中的画。中国朋友赠的扇子被当作灯罩使用。

4

4 左侧的衣柜是唯一购买的家具。右侧的白色猫脚小架是几天前刚刚捡回来的。5 在柏林和比利时的跳蚤市场上淘到的宝贝。6 将枯枝放入小碟子做成装饰品，旁边配上礼物，色彩搭配鲜明。7 细长的窗下，最喜欢的画家的作品集中在一起，好似一个迷你美术馆。8 果酱瓶当作盛水用具。

5

6

7

8

9

10

9 最基本的家具构成最简单的家，最中间放着的桌子担负着工作台和餐桌的功能。10 餐具柜上面放了很多小东西。由于曾在巴黎留学过，所以很多东西来自法国。11 几面镜子都是收到的礼物，与这个家的风格吻合。12 黑尔佳说："明亮的房间与和谐的搭配最重要。"

装饰要点

对于主要生活就是绘画的黑尔佳而言，沙发并不是必需品。家具和灯具等，只保留了基本的几种，所以整个房间即使担负着画室、客厅、卧室的功能，却依然有序统一，毫无凌乱之感。

小家布局

面向中庭的安静的小家虽然只有一个房间，但整体面积为45平方米，一个人住依然感觉很宽敞。书架和CD被收纳在走廊。

11

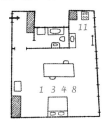

12

1

居住过程中不断改装，是名副其实的个性之家

米莱娜・格布尔齐 *Milena Geburzi*
时尚设计师/店铺经营者

　　米莱娜的公寓集店铺、工作室、住宅于一身。刚搬来的时候，墙壁和地板都裸露出水泥。如果请别人帮忙，不一定会实现自己想要的效果，于是米莱娜就自己动手搞起了自家的装饰工程。现在这套房子已经居住了两年，厨房已经基本完成了，卧室和浴室还是半成品。不过米莱娜认为自己动手一点一点将小家添置圆满的过程特别快乐。

　　以前她在汉堡住的时候也是如此，花了1年半时间完成家装，结果又不得不搬家。

　　后来米莱娜来到柏林，在这里第一次拥有了自己的小店。她的大脑中总是进行着对服装和家装的构思，总是不停在想着"在试衣间的上面加一个半圆形装饰"、"爸爸给的整理箱用布包好就能当抽屉"……想做的事一件接着一件。但是，从商品设计到制作，还有接待顾客，全是她一个人来做，所以自由的时间很有限。米莱娜望着依然裸露的墙壁笑着对我说："这次这个家的装修完成了，我会依然住在这。现在自己的事业走上了轨道，这是什么也比不了的大好事。"

2

关于屋主

出生于汉堡。在克罗伊茨山开了一家名为"Milena Geburzi"的时装店。店铺也是她的家。店铺位于Bergmannstr.57,10961 Berlin

1 工作中的米莱娜。最近买了一把日本制的裁剪刀，对品质非常满意。2 自己用布将衣架包裹起来。3 打算用作收纳抽屉的整理箱。4 试衣间里面的布置。5 店内的样子。正全力以赴增加店内商品的数量。6 店铺位于贝格大街的街角。7 用旧的缝纫机当作桌子摆在店铺的正中央。

改装中的卧室。看起来已经十分漂亮了，但还远未达到米莱娜的构想。单人沙发和衣橱还需要用布包裹起来。

9

10

8 梳妆台的布置与店铺一样浪漫。9 餐桌上总是摆放着鲜花，茶杯上的小鸟是装饰品。10 古董罐里保存着咖啡和茶叶。11 卧室的帽子箱和衣架都被包裹上画布，很有独创性。12 餐桌也是废弃的缝纫机。黑色的置物架是父亲赠送的，据说年龄比米莱娜还要大。

装饰要点

不管是店铺还是住宅，都充满了米莱娜的颜色。坚持自己的构想，DIY自己的家，果真是一件乐事。在既有用品上稍微加工，就能散发出十足的创意感。

小家布局

由于要开店，所以房子选在了一层。面向中庭的住宅部分光线比较差，店铺和工作间的采光却比较好。据说经常有路过的人隔着玻璃窗窥探工作间里制作的风景。

12

东与西，新与旧，转型中的人生与家

西尔克・延奇 *Silke Jentsch*
时尚设计师

柏林墙倒塌的那天，西尔克与双亲经由布拉格来到了德国西部。西尔克出生在东德。18岁起，她在繁荣的以商业闻名的"西德名都"汉堡生活了10年。来到德国西部，是她生活的巨大分水岭。柏林墙的倒塌让西尔克顺利走进西德，获得了许多全新的体验，甚至还去过两次日本。因此，西尔克的家里既有从亲戚朋友那儿收到的东德时代的家具，也有现代感十足的小摆设。这幢建筑是全新的，所以家里摆上些古旧的家具，能让心灵找到依托。客厅兼卧室的床是新家具，沙发、桌子和高保真音响则年代久远。如果全部都是崭新的家具，那么一定不会如此清晰地让观者体察到西尔克的个性。工作间也是如此，各种各样的工作用品当中，灯具等小摆设演绎出浓浓的怀旧气息。

公寓的采光很好，还有一个大大的阳台，所以西尔克特别喜欢。工作繁忙的她在晴好的天气里就会在阳台上摆出桌椅，惬意悠闲地品尝下午茶。

关于屋主
自己开创了品牌"mutabilis berlin"并担任设计师。为了我这次的采访很是忙活了一阵。一个人生活在位于普伦茨劳贝格的公寓中。

3

1 墙面上的海报让客厅看起来很特别。2 当今德国人还在使用暖水袋。3 灯具和椅子为工作间增添了怀旧气氛。

4 半开放式的厨房。5 纯白的浴室。里面有很多有趣的小玩具。6 高矮不同的绿植，靠绿植架调整高度。7 客厅里面到处都是旧旧的小东西。8 工作墙上贴着的线描画。9 排列在墙上的小物品收纳架。

1

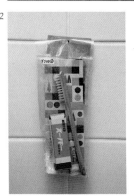

2

13

10 床。床脚的桌子带有滑轮可以移动。为了在床上吃早餐而购入。11 下午茶必要的砂糖和蜂蜜放置在精致的茶盘里。12 日本的便携式牙刷牙膏用来点缀浴室。13 浴室的小物品收纳橱。

装饰要点

崭新的建筑没有经过岁月的沉积，不够稳重，因此适当使用古旧的家具能够增添房间的分量，起到平衡的作用。要想进一步增加岁月感，可以在帘子、收集的小物品上下功夫。

小家布局

对德国人来说，在阳台上享受下午茶是非常重要的生活环节。因此有着宽敞阳台的房子就显得格外有魅力。打扫房间的工具被收纳在厨房的门后面。

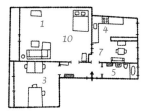

住在老厂房里的艺术家恋人

布丽塔·卢默+沃尔夫冈·贝特克 *Britta Lumer+Wolfgang Betke*
艺术家/艺术家

　　布丽塔与沃尔夫冈，两人都是艺术家。他们的家建在原是工厂的厂房里，总面积达290平方米，家中设置有巨大的画室。两个人是从3年半前开始共同生活的。布丽塔认为即便两人同居，也要以确保彼此的独立空间为前提，不用说单独的房间，连玄关都恨不得有两个。在餐厅、客厅的两侧，是两人各自的工作室。完全独立的工作室，让两人能不受打扰地埋头于自己的工作。

　　由于建筑以前是工厂，因此这个家是带有荧光灯的巨大空间。但是当你走进这个建筑，你不会感到冷硬，迎接你的是柔软温情的客厅。不仅仅是舒服，还很有创意。餐具柜特意颠倒了寻常的上下顺序放置，不喜欢商标，于是撕去了洗涤用品容器和电器等的商标，他们的生活讲究到了极致。另外，厨房设备和浴室的柜子还是DIY的杰作。放进里面的东西都经过精心测量，每一样物品的尺寸都刚刚好。一套房子里虽然既有工作空间，也有个人生活的空间，但却能够做到区分明确，工作时专心致志，休息时悠闲惬意。

关于屋主
布丽塔出生在富兰克林，沃尔夫冈出生在杜塞尔多夫。两人结识于柏林，3年半前开始共同生活。

3

4

6

7

5

1 布丽塔的画室。2 沃尔夫冈工作时使用的颜料。3 布丽塔常使用碳棒绘画。4 周边的素材都变黑了。5 中国的插针包上的绘画。6 为制作碳棒而使用的工具。7 戴上手套、眼罩创作的会是什么样的图画呢？8 很需要一个如此宽敞的房间摆放巨幅的作品。

8

9

10

9 沃尔夫冈的画室。10 与布丽塔的不同，这里色彩缤纷。11 超市购物用的推车里放入工作时的衣服等。12 面向画布的时候，灵感总是如泉涌。13 作画的画笔，不知怎么就攒下了这么一大把。14 利用宣传单、布块废物创作的作品。废弃物也焕发出了新生命。

12

1

11

14

15 帘子将餐厅与布丽塔
的工作间隔开。16 书墙
坐落在沃尔夫冈的工作
间。17 布丽塔工作间里
的小物品展示柜。18 沃
尔夫冈工作间里面的沙
发。他们喜欢坐在这里看
电视。

19
20

21

22

23

24

25

26

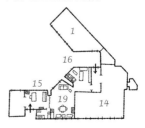

19 茶色的餐具柜，特意颠倒了上下顺序放置。20 餐厅窗户的下半部涂上脱脂乳，打造出磨砂玻璃的模样。擦洗很容易。21 颜色与材质完美统一。22 自家研磨谷物制粉，用来烘焙蛋糕。23 让人放松的绿植。24 领带用作窗帘扣，时髦实用。25 布丽塔的双亲送来的物件。26 浴巾来自卧铺火车的盥洗室。

装饰要点

对于同为艺术家的恋人来说，创造各自作品的空间很重要。不论画室、房间还是玄关都各有一套，既为彼此保留了独立空间，又让两人在共同的餐厅、客厅、卧室中能够享受彼此陪伴的时光。

小家布局

由于要进行大型作品的创作，因此宽阔的空间和高挑的天花板是必要的。把家建在原工厂厂房里再合适不过。这里还有货用电梯。

超过200平方米，好似城堡的家

比吉特·玛丽亚·沃尔夫 *Birgit Maria Wolf*
艺术家

这套公寓的面积达到204平方米。虽然如此，算上客厅、餐厅在内，房间只有6间。主人比吉特奢侈而又简单地使用着这座城堡一般的建筑。50平方米的客厅兼餐厅位于房子的最中央，那里摆放了很多各种年代、各种设计的椅子。来客的时候，这些椅子就能派上用场，如果没有朋友来，就一字排开，一派展示收藏品的架势。实际上，这些椅子每一把都有名字，各不相同。

面向大街，采光最好的房间用作画室。原以为画家的画室一定随处乱放着画笔颜料等东西，十分杂乱。可能是比吉特的画室与客厅相连的缘故，她的画室完全是一副优雅的样子。

比吉特自己说，这套房子本身就像个城堡，因此就算没有装饰，房子骨子里也已自带了优雅的气质。客厅从上到下流泻的水晶顶灯和银色的烛台等，每一件家具都是那么高雅别致。我想，比吉特的作品也为这个家增添了不少艺术气息呢。

关于屋主
以沙子为素材作画的艺术家。以前曾经住在由工厂改建的公寓里。与先生、两个女儿、爱犬鲁宝共同生活。

3

1 从卧室望向画室。2 这是用沙子创作的艺术品。3 画室将走廊与卧室相连。中间的大型作品在阳光的照射下会呈现出立体的效果。4 巨大的画室里只有两张桌子。5 卧室的床头摆着家族的照片。6 选用自然颜色的沙子用于创作。7 装饰有娃娃屋的卧室。

6

4

5

7

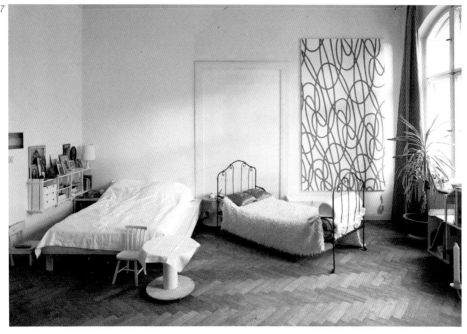

8 二女儿斯特拉的房门。贴着柏林新地标——电视塔的贴纸。9 这是长女杰茵的房门。10 斯特拉的房间好像一个满怀憧憬的小女孩。11 餐厅钢琴上摆放着的斗牛士，这是在西班牙参加展览会时得到的礼物。12 自己制作的娃娃屋。13 斯特拉小姐最喜欢的一个角落。14 餐厅一角是鲁宝的家。

将喜欢的明星照片贴在墙上，在门
上随意涂鸦。弹吉他的杰茵小姐的
房间带有一点摇滚的味道。

15

16

15 豪华的餐厅。这里的面积有50平方米。16 钢琴旁边的沙发是爱犬鲁宝的指定坐席。17 厨房小物品也是优雅派。18 钢琴、台灯与图片。仔细看会发现，图片拍摄的就是这架钢琴和这个台灯。

装饰要点

由于精简了家具的使用，使这套204平方米的房子感觉更加宽敞。走廊的柜子里收纳着衣服。房间以白色为主，凸显了家中艺术作品的美感。

小家布局

家正中的餐厅兼客厅将比吉特的空间与两个女儿的房间相连。这个50平方米的空间是一家团聚，天伦无限的所在。

17

18

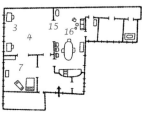

柏林美人的生活方式

不论年龄和家族，
按照自己的意愿，精彩生活每一天。
一起来看一看柏林美人的生活方式。

柏林的住宅多是集合住宅

为了深入理解书中的家装，必须掌握的基础知识

**在建筑普遍有超过百年历史的柏林，
建筑与家装的关系是？**

　　来过柏林的人，都看到过排列在马路两旁的4～5层建筑的集合住宅吧。建筑之间没有空隙，整齐地连在一起。在柏林市内，基本都是集合住宅。要到郊外才见得到别墅的身影。

　　仔细观察这些建筑，就会发现有美丽古老雕饰的老式建筑，也有简单整洁的新式建筑。1949年之前的建筑都应叫作老式建筑，但在柏林，拥有百年历史的建筑是非常普遍的。即便如此，由于大多都进行了室内改装，电气、暖气设施完备，所以并不会给居住者带来不便。老式建筑的天花板高达3～4米，面积也很大。天花板与建筑的外墙还有雕刻装饰，因此很有情趣。

　　与之相对的，新式住宅是混凝土建筑，天花板基本达不到3米高。房间里面也没什么装饰，十分简单。这样听起来似乎老式建筑更别有情趣，但在新式住宅刚出现的时候，老式住宅在电气、燃气、浴缸等方面还未装备齐全，所以那时新式住宅特别受人欢迎。

　　本书登场的主角们住的多是老式住宅。老式建筑有很多有趣的改造，最典型的就是天井构造。中间是正方形的中庭，四周全是建筑。

　　面向马路的房间被称作"阳房"，与马路垂直的房间被称作"厢房"，面向建筑后面的房间被称作"北向房"，根据建筑的不同位置都有具体的名称。日照最好，房间结构也最好的"阳房"中，当属2～3层的房间为最

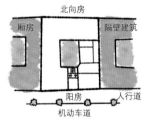

要从上向下看德国的老式建筑。面向大街的入口是建筑的总入口，走上建筑内的台阶可以看到各家的入户门。从大街上看不到各家各户的玄关和入户门。

佳。与其他房间相比，天花板更高更豪华。布赖特和比吉特的公寓就是这种房子。

原来，一层楼只住一户人家，非常奢侈。现在独居的人多起来了，所以建筑内部经过细分规划，改成很多人可以共同居住的模式。

你在阅读过程中，有没有注意到只有一扇窗户的房间？这样的房屋被称作"柏林房间"，这就是典型的由老式建筑改造而成的房间。连接阳房与厢房、位于角落的"柏林房间"由于构造上的原因只能设置一扇窗子。

彼得拉将自己的"柏林房间"刷成白色，安装镜面球型顶灯，最大限度地改善了房间采光问题。由此可见，柏林的家装与建筑构造是有着深刻联系的。

要让阴暗的"柏林房间"亮堂起来，彼得拉使用镜面球形灯的反光原理提高亮度。

便宜的房租，可以随心所欲住大屋

在柏林，可以一个人住一套两室一厅

虽然是大城市，房租却很便宜

本书中登场的女主角们，除了住在原属工厂建筑的安格利卡与布丽塔，其他人住的都是集合住宅。但是显而易见，每一套房子都比日本的公寓宽敞高大。

实际上，柏林虽然是首都，与德国其他城市、欧洲其他国家的首都相比，房租相对便宜。虽然根据地段、建筑种类、设备的不同，价格也有所不同。在柏林，有一个被称作租金指数[1]的房屋租赁基准，入住的时候必须按照这个指数签订租赁合同，所以一般不会有房租急涨的情况。

因此，这里的居住环境特别棒！能以便宜的价格租到宽敞的房子。大概只有在柏林，才能独自一人租住在拥有三四个房间的家中。

拥有两层楼的因卡的家。长长的走廊，一眼望去就知道这个家有多么宽敞了。

---

① 租金指数就是一套房屋的租赁基准。根据建筑的区位、地段、种类、暖气的种类、厕所的有无（有的公寓里至今没有独立厕所）等条件，决定1平方米的租赁金额标准。

精彩的小屋，随时都在改变模样
只要拥有灵感和好奇心，你的家也能越变越美丽

可以自由改装的柏林公寓，
家装的灵感源源不绝

　　在柏林的出租屋内，不论是钉钉子还是涂颜色都没有关系。只要解约时将房子还原就可以了。所以房客们几乎都会挂些壁画，钉个壁橱什么的。更有甚者，会像前面登场的安格利卡那样，在自家的走廊上改装出一个原本没有的专门角落。

　　我在写作这本书的过程中，走访了很多柏林人的家，并为那些个性十足、留有特别印象的家装拍摄了照片。为此，我曾不止一次去拜访同一户人家，在这当中我有了一个发现。

　　装饰精彩的家，每次去拜访的时候都会呈现出不同的面貌。比如说家具重新摆放啦，装饰画重新换一张啦，等等。还有很多人通过网络随时处理不要的家具，再购入新的家具，随时变换家装。在钉子也不能使用的日本出租屋，要打造理想的家居会受到很多限制，不过可以通过改变家具的位置表达自己的家居理想。

　　还有，住在精彩小屋里的人们，经常会有关于美的新发现，并能马上将新发现演化到家装上，可以说他们总是在寻找美、实践美。那些如萤火虫般闪烁的灵感总在你的身边，就看你能否抓住它。

天花板的照明出自DIY，这就是安格利卡的浴室。改装能起到转换心情的作用。

关于"照明"
灯具的种类与灯具的选择，有时具有左右心情的魔力

暖色照明让心情更舒畅

　　柏林与日本的家装，本质上的区别是什么呢？那就是照明。在柏林，一个舒适的家中是断然不会想着使用荧光灯作为照明的。夜晚你沿着街道散步，就会发现几乎找不到透出白色荧光的窗子，无一例外都是黄色的灯光。这里的人们几乎都是用黄色的节能灯照明。

　　照明方法一般会采用间接照明，或者是顶灯直接照

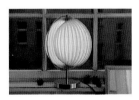

使用数个小型照明灯，可以打造出光线的层次，使房间看起来更漂亮。与别人聊天时可以使用蜡烛。

明。直接照明的时候，由于屋子整体被照亮，温馨感会被减弱，所以主人多会在房间内点亮几处间接照明以制造灯光的层次。当然，如果房间整体变暗，也会在餐桌或者书桌的位置增加射灯补足光源。另外，蜡烛在柏林也很受欢迎。

刚从日本来到这里的时候，觉得柏林的房子昏暗无比，习惯了以后反而觉得这种光亮特别令人放松。但我并没有"柏林这样子不错，那么日本也应该是这个样子"的想法。西洋人的虹彩膜偏薄，与黑色瞳孔的亚洲人对光的感受能力是不同的。在柏林真正生活一段时间后，我渐渐明白了舒适的空间与照明之间的莫大关系。

如果忙碌了一天回到家里，想舒舒服服喘口气，那么不妨采用德国式的照明方法，你会有不一样的感受。

新旧结合，演绎独特的自我

欧洲文化是珍惜古旧物品的文化。
在与古老物件的对话中提升自己的艺术感受

不想看上去廉价，那就试试新旧结合的家装方法

很多人都会说"如果能将老物件与新东西结合在一起就好了"这样的话。如果东西都是全新，未免给人以轻廉之感。欧洲文化尤其让我们感受到他们对传统的尊重。

在柏林的跳蚤市场、二手商店，可以花很少的钱买到质量不错的二手家具。店铺破产、孤独的老者去世的时候，地方上都会召开家具处理大会。还有一些耐用性强的家具和餐具也会由老一代传给下一代，一代一代传下去。只是，不同时代的使用者在选择继承的时候需要一点点诀窍。比如可以选择材质和设计类似的物件，或者好搭配的木纹物件等。如果设计感觉有冲突，摆放在一起会产生突兀感。

米莱娜厨房的黑色置物架就是从父亲那里继承的。顶灯的灯罩却是新的。

也可以将新买的家具进行做旧处理。改变颜色或者改装零件，比如抽屉的把手等，就会马上为新品增加岁月的厚重感。但是究竟该怎样做，会达到怎样的效果，这需要事前有个清晰的判断。另外，不同的颜料质感也是不同的，需要研究使用何种油漆会达到自己理想的效果。如果这些问题都解决了，那么就能花少少的钱实现大大的家装理想。

红花绿叶总在身边

德国人尊重自然，可以从他们对鲜花装饰的喜爱中感受到他们对大自然的深情

一朵花就能够表达出自然的无限魅力

德国人非常重视身边的自然。柏林到处都有公园，森林和湖泊也常能信步前往。德国人特别喜欢散步，想事情的时候就喜欢沿着森林和溪流走一走。我来到柏林以后，对小鸟的鸣叫开始敏感起来，不同种类小鸟的各色叫声我现在都分辨得出来了。柏林的冬天寒冷、晦暗，人们的心情也很低落。正是因为严酷的冬天，才让德国人对绿色特别有感情，这种感情远远超出日本人的想象。

因此，人们喜欢在房间里装饰真花，在阳台上栽培绿植。特别是简约、现代的房间，利落的空间难免产生空寂感，于是加上红花绿叶，整个空间就会立马生动起来。

花的装饰也很简单。不管是装饰独朵鲜花，还是培植一种鲜花，都可以随心所欲，没有特别的要求。不过与其将几朵小花分放在几个地方装饰，还不如放在一起，装饰的效果更强烈一些。

像苏珊娜那样，将花与松球、松子组合在一起的装饰也是不错的主意。没有花的话放一个空花瓶，或者只放入树的种子，一样可以起到不俗的装饰效果。

培植一种鲜花很简单，装饰效果也好。培植同种不同颜色的鲜花一样很不错。

收纳是永远的主题

舒适的小屋永远从收纳开始

向德国人学到的合理的收纳方法

怎样利用有限的空间达到最有效的收纳效果是永远的课题。柏林的集合住宅通常都附带地下室或者壁橱，用来放置平时不用的物品。

家中的收纳大体有两种方法：一种是将物品收进带有门的柜子中，是一种外人看不见的收纳；还有一种就是把物品直接放在没有门的柜子里或者柜子上面，是一种能看到的收纳。

埃斯特尔的家就是看不见的收纳的典型。厨房、卧

杂乱的房间令人不舒服。这时你需要添置可以关上门的收纳橱柜，这样房间就总能轻松保持整洁，时时令人赏心悦目。

室、走廊都放置有纯白的排成一列的橱柜，非常整齐。虽然里面有点杂乱，但是关上门也就全都遮挡了。

还有比吉特的家里手工打造的浴室橱柜，经过精心的尺寸测量，每一样物品都能不大不小刚刚好放置进去，所有想收纳进去的物品全都放得进去，没有一件留在外面。

对每日都要使用的物品，总是开关柜门很麻烦。使用频率高的物品可以用看得见的收纳方法。如果把不常使用的物品摆在每天都能看得见的地方，不免会产生"必须赶紧理清"的心理暗示，这会形成一种压力。但是每天会使用的物品就不同。自己可以根据每件物品的使用频率决定它的收纳方法。

但有一点是最重要的，那就是收纳空间是有限的，一定要进行定期处理。还能用的东西可以通过网络卖掉或者直接卖给二手店，总之除了直接丢弃，还有很多方法。

另外，如果能遇见新的主人，对物品来说也是一件好事。想想自己曾经真爱的物品，再度成为别人眼中的宝贝，这样想着，心情也会变得舒畅。

不放多余物品的比吉特的家。下图是尺寸刚刚好的壁橱与物品。

时时保持整洁的厨房
选择与生活方式相吻合的厨房

要保持整洁，整体厨房是最佳选择

德国是整体厨房的发源地，即便是独自生活的青年人、学生，一般也会拥有燃气灶（或者电磁炉）、冰箱、洗衣机以相同高度排成一列的厨房。租赁房子的时候，一般房子都配有燃气灶（炉灶下面是烤箱），所以只需加入自己的冰箱和洗衣机，一个标准的厨房就完成了。

恋人们或者家族一般会根据厨房的面积购买零件，自己打造一个整体厨房。苏珊娜和安格利卡就是这样的例子。另外，也有附带整体厨房的出租公寓。

很多居住者还会在整体厨房里嵌入洗碗机。考虑到水电等成本，大多会将餐具积攒到一定程度一次清洗。

有了洗碗机，就没必要准备滤水笼了，这样厨房就能时刻保持整洁。当然，物归原处是保持厨房整洁的根本。

把古老的烤箱用作操作台的厨房。烤箱在这里并不发挥本身的功能，是纯粹为了厨房的整体情调而使用的道具。

其实，不管是什么样的厨房，道理都是相同的。

美丽的生活无处不在

以"住"为本的德国人的日常生活

珍视每天的小小喜悦，从容优雅地生活

在衣、食、住当中，我认为德国人最重视"住"。关于"住"，德国人有很多东西值得我们去学习。并非单单是指眼前的家装，而是"自己追求的是什么样的生活"，关于生活本身、生存价值的思考。

家就是一个祛除疲劳，与他人共同生活度日的场所。极端地说，只要有床、椅子、桌子就足够了。在这个基础上加入自己的观点，就形成了"生活"而非"生存"。因为有了生活，我们开始考虑养花，开始考虑购买家具，并做出相应的行为。

平时的生活从容不迫，就不会在邀请朋友来家做客的时候手忙脚乱。所以，柏林人总是把自己的生活打理得井井有条。一有时间，他们就会邀请朋友来家里喝茶，一块儿做美食。这可不是盛情款待，喝的是普通的茶，吃的是普通的小点心。很平常却很有滋味。这个时间对柏林的女性而言是非常重要的。

日本的住宅情况与柏林大不相同，却可以吸取柏林人的思考方法。简单说来，就是做自己想做的事，做自己能做的事，并保持愉悦的心情。这样的每一天就构成了最美丽的生活。

招呼朋友来家里，如果没有足够的椅子，也可以坐在靠垫上。总有创意，总有方法，这就是柏林人的生活。

柏林人的手工小制作

手工制作离不开个人创意。在这里，两名资深家装达人会向菜鸟们教授简单易学的手工小创意。

第一课

包装纸的第二种用途！阿尔米达教你给椅子穿新衣

贴纸椅，简单、漂亮

这是一种将纸按照物品的形状裁剪，并包裹在物品上的手法。今天我们要让小木椅变身为小花凳。这种方法也可用于整理箱等其他物品。

材料：

- 儿童椅一把
- 薄薄的包装纸
- 固体胶
- 亮油
- 毛刷子
- 裁纸刀

根据椅子不同的部位，将包装纸裁成可以包裹住的大小

制作方法

1 在包装纸的里面涂上固体胶。

2 把涂了固体胶的包装纸粘在椅子的一条木板上。

3 用毛刷将包装纸贴合在木板上。

4 压实，使包装纸贴实。

5 用剪刀剪掉多余的纸。

6 从上到下，轻轻刷上固体胶。

7 细节的部分，要贴合木板的走势，贴牢。

8 以相同的要领，用毛刷刷上固体胶。

9

顶端的部分，细致地折好。

10

椅子脚的部分也要用包装纸贴好。

11

包装纸的里外都要用毛刷刷上固体胶。

12

根据木板的形状，剪下多余的包装纸。

13

将涂了固体胶的包装纸贴在连接处。

14

顶端部分细致地贴好。

15

在插孔的部分用剪刀剪开。

16

椅子背也要用包装纸贴好。

17

根据椅子的使用松动情况贴好包装纸。然后自然风干。

18

完全干燥以后把椅子重新组合起来。再用毛刷整体刷上亮油。

阿尔米达老师建议使用含有两种颜色的包装纸操作。

完成！

第二课

第一次挑战DIY木工活！
克里斯蒂安教你制作小
小置物架

材料：

木板A：25cmX26.5cm
　　　厚度18mm的木板3张
木板B：60cmX4.5cm
　　　厚度25mm的木板2张
木板C：20cmX40cm
　　　厚度18mm的木板2张
螺丝12个、圆形吊钩2个、方形
吊钩2个、固定钉2个、电钻、
卷尺、铅笔

最适合收纳小物品！

请克里斯蒂安给DIY的菜鸟们讲解壁挂式置物架的
制作。简单易学。首先根据家里的尺寸请木工将
木板大小裁好。电钻的使用是有技巧的，建议事
前用废弃的木块加以练习。

制作方法

1

将木板A横放，在距上面
5cm，下面5cm的地方画
两条水平直线。其他两块
木板也是一样作业。

2

选木板A的其中一张，在
距离长边顶端11.5cm的地
方画一条纵线。这个叫作
木板A-1。

3

3张木板A，按照18mm间
隔的距离放好。

4

为了确认位置，将木板B
放在距木板A-1上5cm，距
离右端11.5cm的地方，找
到交叉点。

5

在木板B的一侧，距离边缘
7.5cm的地方钻一个孔。
1.5cm～2cm深度最好。

6

开一个孔，将圆形吊钩旋
转进去。另一块木板B也
同样这么做。

7

在步骤3的基础上放上步
骤6的木板。木板B需合上
木板A-1在步骤4中的点。

8

在木板B上等距离画出4
个孔的位置。用电钻穿透
开孔。

9

用钉子插入。此时木板A之间能夹住木板C的侧面。

10

剩下的木板B也同法，将钉子钻入木板A，固定。

11

全体翻面。

12

在木板C距离长边缘7.5cm的地方做个记号，插入木板A。这个就是柜子的底板。

13

在木板B上开孔，用钉子将木板C固定。另一侧也一样，固定住木板C。

14

全部固定好以后，柜子的壁挂部分就完成了。

15

为了将壁柜固定在墙上，要在墙上钻孔。使用水准仪，在木板B上有吊钩的地方做两个印记。

16

然后用电钻钻孔。

17

在孔里放入固定钉。

18

用方形吊钩将固定钉钻入墙面。水平挂上圆形吊钩，完成。

完成！

可以在表面刷上亮油和油漆，看上去更美观。

Arkona广场　Arkonaplatz

规模虽然小，好东西却不少。

左：各种玻璃杯和奶壶，设计丰富。上：小巧而多彩的玻璃制品华美精致。

建议在跳蚤市场购买厨房用具。几欧元就能淘到不错的东西。

周日，跳蚤市场来寻宝

哈根盒子广场　Boxhagener Platz

这里的跳蚤市场有很多家具和摆件。

色彩鲜艳的煮蛋器是典型的东德物件。

这些旧椅子可以买回家重新装饰一番。

柏林墙公园　Mauerpark

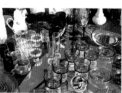

一个字——大。从新品到古董都有。好好转转就能淘到宝。

一次购买多个物品的时候一定要讲价。用英语说或者用笔写都行。

手工灯笼。颜色大小各不相同。

左：这样质朴的衣架在日本肯定是找不到的。可以当作礼物送给国内的友人。 上：做点心的工具也很齐全。

那是一个女孩在休息吗？跳蚤市场上总是能看到好玩的风景。

旧家装品很有人气，不论是家具还是灯罩。

肚子饿了，角落里有卖烤肠的小摊，很香啊。

晴好的周日人总是很多，狗也很多，怕狗的人要注意。

上：20世纪50年代至70年代的设计最多。 右：橘色有浓郁的怀旧感。

颜色搭配十分怀旧。虽然不懂上面说的是什么，可以用作装饰品。

上：菱形图案的布匹。 右：木书中登场的主人公经常用眼罩当装饰品。

都是用箱子的把手做成的，没想到吧。

一般家庭已经不用的餐具，相当便宜。

时髦的柏林美女
总能充分利用跳蚤市场

大多数在本书中登场的主人公，提到购买家具的场所，都会脱口而出跳蚤市场。
现在为您介绍柏林最有人气的3个市场

　　到了周日，柏林大大小小的广场上就会支起帐篷——跳蚤市场开张了。不久前，刚刚发布了周日所有店铺休息的消息。这样一来，跳蚤市场就成了柏林人的周日乐土。

　　跳蚤市场会根据地段、商品的不同而积聚不同的人气，今天推荐的这3个市场，特别适合喜爱可爱风格家装的人。这3个市场都位于以前东德境内，可以找到质朴的东德时代物品。本书登场的这些柏林美人们就经常去逛这3个市场。她们主要在跳蚤市场上购买家具和餐具。买回家或重新喷漆，或改变外包装，让这些旧家具在自己的家里重现生机。她们个个都是这方面的顶尖高手。在这里购物不提供购物袋，所以出门的时候不要忘记自己带一个。如果肚子饿了，可以在任何一个市场上品尝到地道的德国第一快餐食品——烤肠。

充分利用跳蚤市场的6个诀窍
了解这些，会让你的跳蚤市场之行更有收获

1. 去之前想好目的

为什么要去跳蚤市场呢？可以轻松散步还能顺便看看有没有中意的东西？逛跳蚤市场绝对是件体力活。建议之前要想好买什么。这样的话，集中精力才不至于太劳累。

2. 了解店家的种类

要给跳蚤市场的店家分类的话，大致分为专业商贩、一般的出店者和贩卖自己作品的艺术家3种。好东西在专业商贩的店里，一般出店者的商品会比较便宜。

3. 中意的东西要马上出手

跳蚤市场上的商品都只有1个。所以如果遇见了喜欢的东西就要马上出手。稍微考虑的工夫可能就被别人买走了。如此说来，跳蚤市场也是人与商品的相知相遇地啊。

4. 但记得，一定要讲价

马上出手的前提是讲价。英语也行，用笔写也行。最近外国人多了起来，店家们也习惯了。讲价前要给自己设定能承受的底线。

5. 买家具的话要带上朋友

跳蚤市场当然不包运送。不管买下了多么巨大的家具，都必须自己负责运回。要去买家具的人，可以自己开车去，或请有车的朋友帮忙都可以。这是很实际的问题。

6. 在咖啡馆坐下休息

一天逛好几个市场的话，真的会很疲劳。在Arkona广场和附近的柏林墙公园有露天咖啡馆可供休息。跳蚤市场周边都会有很多咖啡馆。

Arkona广场

商品的层次比较高

这里专业商贩比较多，与其他两个市场相比价格略高，不过这里商品的设计和形态比较好。要买好东西的话，推荐来这里。著名的柏林墙公园近在咫尺，地段非常不错。

地点：Arkonaplatz，10435 Berlin
开市日：周日
时间：10:00 ~ 17:00（根据季节有变化）
交通：地铁U8线Bernauerstr.站下车，徒步3分钟

哈根盒子广场

怀旧物品的天堂

弗里德里希斯海因地区的跳蚤市场。这里有家具、餐具、唱片、书本等商品。东德时代的设计品十分丰富。周围餐饮店很多，逛完跳蚤市场还可以顺便吃个午餐。

地点：Boxhagener Platz，10245 Berlin
开市日：周日
时间：10:00 ~ 18:00(根据季节有变化)
交通：地铁U5线Frankfurter Tor站下车，或者在
　　　Samariterstr.站下车，徒步10分钟

柏林墙公园

现在人气最高的跳蚤市场

商贩不断增加的跳蚤市场。与其他市场相比，专业商贩比较少，一般参加者和艺术家很多。距离德国统一前柏林墙的位置很近。现在那里已经成为公园，晴好的周日可以在草地上悠闲休憩。

地点：Bernauer Str.63-64，10435 Berlin
开市日：周日
时间：8:00 ~ 18:00（根据季节有变化）
交通：地铁U2线Eberswalderstr.站下车，徒步8
　　　分钟
主页：www.mauerparkmarkt.de

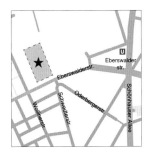

柏林当地的家居店

在柏林，从知名设计师的作品到二手家居品，
可以买到家具的地方多之又多。
在这里，我就为大家介绍几家，这里面既有前面登场的美女们的推荐，也有笔者本
人的最爱。
我们来一起看看吧。

打造有自我风格的小屋之前，先找到中意的家居店

用一句话概括柏林的家装风格，该怎么表达呢？我常常会被问到类似的问题，却总也不能
脱口而出。这个问题还挺难的。如果非要用一句话总结的话，那大概就是"混搭"了。将各种
风格的物件摆在一起，可能就体现出主人的性格特征了吧，我就是这么想的。为了选到自己喜
欢的家具、摆设，主人要走上好多店铺，从许许多多的选择中挑出自己最喜欢的。

柏林的家居店除了大型商场，可以说个人经营的店铺是相当多的。因此，如果找到了风
格与自己一致的店铺，隔三差五去逛上一逛，很容易买到合自己心意的商品。本书登场的美女
们，心里都有好几家"心仪"的家居店。经常光顾，与店主和店员们都熟悉了，自然总能得到
最新的商品信息。在这里插一句，在店铺里与店员们轻松地交流，也是柏林的魅力之一呢。那
就从这一部分开始，看看能否找到你中意的店铺，从简单的"hello"开始，开始自己的柏林美
家打造之旅吧。

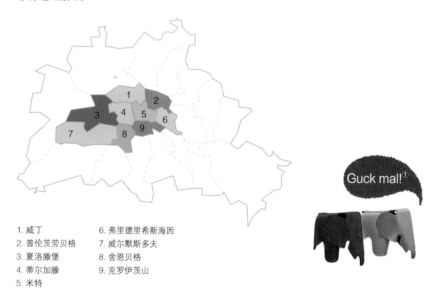

Guck mal![1]

1. 威丁　　　　　　　　6. 弗里德里希斯海因
2. 普伦茨劳贝格　　　　7. 威尔默斯多夫
3. 夏洛滕堡　　　　　　8. 舍恩贝格
4. 蒂尔加滕　　　　　　9. 克罗伊茨山
5. 米特

---

① 德语"来看看吧！"——编者注

普伦茨劳贝格地区/extratapete

个性壁纸专营店

主营个性壁纸的店铺。不单有普通花样的壁纸，还有4张一套的壁纸，按照顺序粘贴完毕，就是一张大大的摄影图片。

地址：Sredzki Str.58,10405 Berlin
电话：030-2615729
营业时间：周一～周五 14:00～19:00
　　　　　周六 11:00～16:00
主页：www.extratapete.de
交通：地铁U2线Eberswalderstr.站
　　　下车，再步行7分钟

普伦茨劳贝格地区/Kollwitz45

经营各国设计师设计的家具和家居用品

经营灯具、沙发、玻璃制品等欧洲知名设计师设计的家居用品。这里还会举办家居展览。

地址：Kollwitz Str.45,10405 Berlin
电话：030-44010413
营业时间：周一～周五 11:00～20:00
　　　　　周六 11:00～16:00
主页：www.kollwitz45.de
交通：地铁U2线Senefelderplatz站
　　　下车，再步行5分钟

普伦茨劳贝格地区/rauminhalte

有家具、暖气，还有家居咨询服务

除了设计师的作品，还有个性独特的艺术家们创作的暖气、家具等的家居用品店。可以为客人的家居设计提供专业的意见指导。如果回日本的话，可以在这里购买给朋友们的小礼品。

地址：Immanuelkirch Str.38,10405
　　　Berlin
电话：030-44048073
营业时间：周二～周五 12:00～19:00
　　　　　周六10:00～16:00
主页：www.rauminhalte-berlin.de
交通：地铁U2线Senefelderplatz站
　　　下车，再步行10分钟

夏洛滕堡地区/Modus

物超所值的品牌家具店

喜爱时髦家具的人，一定要来逛逛这家店。宽敞的店内整齐排列着沙发、边桌、酒柜等高级家具，好像博物馆一样。

地址：Wieland Str.27~28,10707 Berlin
电话：030-889156-0
营业时间：周一~周五 10:00~18:30
　　　　　周六10:00~18:00
主页：www.modus-moebel.de
交通：高速铁路S号线Savignyplatz站下车，再步行3分钟

夏洛滕堡地区/Rahaus living

从家具到普通日用品，种类齐全

1层是百货类，2层是以家具为主的家居用品。还有烛台等可以送人的小摆设等。这个店在柏林市内共有4家分店。

地址：Kant Str.151,10623 Berlin
电话：030-3132100
营业时间：周一~周六 10:00~20:00
主页：www.rahaus.de
交通：地铁U1线Uhlandstr.站下车，再步行3分钟

夏洛滕堡地区/stilwerk

汇集了60家专卖店的家居广场

这是一共5层，汇集了60家专卖店的家居广场。从家具到日用品应有尽有。现代风格的家具最多。在入口处有店铺列表可供参考。

地址：Kant Str.17,10623 Berlin
电话：030-315150
营业时间：周一~周五 10:00~20:00
　　　　　周六10:00~18:00
主页：www.stilwerk.de
交通：地铁U1线Uhlandstr.站下车，再步行3分钟

米特地区/charis

主营20世纪50至60年代的家具

主要经营20世纪设计师设计的沙发、桌椅等家具。特别是20世纪50至60年代风格的家具居多。这里还为摄影提供特殊家具。这是在本书38页登场的美女布赖特推荐的店铺。

地址：Fehrbelliner Str.25,10119 Berlin
电话：030-44355723
营业时间：周一～周五 14:00～20:00
　　　　　周六 13:00～18:00
交通：地铁U8线Bernauerstr.站下车，
　　　再步行5分钟

米特地区/stue

主营木纹原色家具

主要经营20世纪流行的木纹原色家具。这里有店主精心挑选的式样简约、纹理清晰美观的家具，也有住在柏林的各类艺术家们设计制作的日用百货等。种类十分丰富。

地址：Tor Str.70,10119 Berlin
电话：030-24727650
营业时间：周一～周六 14:00～19:00
主页：www.stueberlin.com
交通：地铁U2线Rosa-Luxemburg-
　　　Platz站下车，再步行3分钟

舍恩贝格地区/mobilien

色彩鲜艳的日用品专营店

要找色彩鲜艳的家居饰品就来这里。造型可爱、五彩缤纷的厨房用具、家具等商品十分丰富。总之是又多又可爱。这里还有以柏林为主题的商品。

地址：Goltz Str.13b,10781 Berlin
电话：030-23624940
营业时间：周一～周五 11:00～19:00
　　　　　周六 10:00～17:00
主页：www.mobilien-berlin.de
交通：地铁U1、2、3、4线Nollendorf
　　　Platz站下车，再步行7分钟

舍恩贝格地区/brocante

网罗20世纪50至80年代的物件

主营20世纪50至80年代的物件。这里汇集了各个国家的各种商品，就算不买也能大开眼界。在柏林市内还有一处姐妹店"wohnzone-berlin"。

地址：Grunewald Str.78,10823 Berlin
电话：030-78719445
营业时间：周一～周五 14:00～18:30
　　　　　周六 12:00～15:00
主页：www.brocante-berlin.de
交通：地铁U7线 Eisenacherstr.站
　　　下车，再步行1分钟

舍恩贝格地区/Sorgenfrei

能买到20世纪50至60年代摆设的咖啡家居店

商品以20世纪50至60年代的物品为主，可以一边喝咖啡一边挑选商品。咖啡室以外还有日用品专营区域。当然，不喝咖啡也可以，但一定记得欣赏一下店铺墙壁上贴着的古董瓷砖。

地址：Goltzstr.18,10781 Berlin
电话：030-30104071
营业时间：周二～周五 10:00～20:00
　　　　　周六 10:00～18:00
　　　　　周日 12:00～18:00
交通：地铁U1、2、3、4线Nollendorf Platz
　　　站下车，再步行7分钟

舍恩贝格地区/stil-mixx

经营可爱的厨房用品

店内陈设有店主亲自挑选的颜色明丽的厨房用具、钟表、靠垫等商品。店内依据不同颜色对商品加以归纳摆放。商品产地遍布德国、北欧、意大利、英国等。设计独特、颜色明快。商品价格比较适中。

地址:Belziger Str.30,10823 Berlin
电话：030-78959776
营业时间：周一～周五 10:00～19:00
　　　　　周六 10:00～14:30
主页：www.stil-mixx.de
交通：地铁U7线Eisenacherstr.站下车，
　　　再步行5分钟

克罗伊茨山地区/motz-der Laden

有跳蚤市场感觉的快乐小店

这是一家还经营着流浪汉救济组织"motz"的二手家居用品店。从餐具到家电、家具，商品种类十分丰富。在这里购物有跳蚤市场的感觉，经常能够淘到宝贝。

地址：Friedrich Str.226,10969 Berlin
电话：030-25934729
营业时间：周一～周五 11:00～19:00
　　　　　周六 11:00～15:00
主页：www.motz-berlin.de/motz-der
　　　_Laden.html
交通：地铁U6线Kochstr.站下车，再步行3分钟

克罗伊茨山地区/Tisch&Stuhl

好似博物馆般的家居用品店

汇集了1830年至1930年间的古董桌子、椅子。可以说柏林各个时代具有代表性的设计在这里都能够找到，简直是一座真正的古董博物馆。

地址：Reichenberger Str.101-102,
　　　10999 Berlin
电话：030-6186309
营业时间：周一～周五 15:00～18:00
　　　　　周六 11:00～15:00
主页：www.tisch-und-stuhl-antik.de
交通：地铁U1线Görlitzer Bahnhof站下车走路15分钟或者乘坐大巴M29号线在Glogauerstr.站下车，再步行3分钟

克罗伊茨山地区/Wohnzimmer

精巧可爱的日用品是特色

这是一个坐落在河流沿岸的可爱小店。里面汇集了餐具、纸类等各色家居用品，每一件都浪漫无比。在本书96页登场的米莱娜小姐特别向我推荐了这家店铺。

地址：Paul-Lincke-Ufer44.10999 Berlin
电话：030-61623872
营业时间：周一～周五 11:00～19:00
　　　　　周六 11:00～16:00
主页：www.wohnzimmer36.de
交通：地铁U1、8线Kottbusser Tor站下车，再步行7分钟

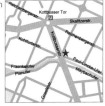